建设项目水资源论证导引

范明元　李　晓　
刘海娇　陈华伟　编著

U0364718

黄河水利出版社
·郑州·

内 容 提 要

本书理论与实践相结合,根据《建设项目水资源论证导则》(SL 322—2013)的基本原则和指导思想,提出了水资源论证报告书"形""数""理"逐层递进深入的编制方法,并进行了详细的阐述;继而通过具体的例子展示了一般工业项目和水利水电项目水资源论证报告书的核心内容。

本书可供从事建设项目水资源论证的技术人员,水资源开发利用、管理、科研等的工作人员以及相关专业的高等院校师生学习参考。

图书在版编目(CIP)数据

建设项目水资源论证导引/范明元等编著. —郑州:黄河水利出版社,2015.10
ISBN 978 - 7 - 5509 - 1269 - 4

Ⅰ.①建⋯ Ⅱ.①范⋯ Ⅲ.①基本建设项目 - 水资源管理 - 论证 - 研究 - 中国 Ⅳ.①TV213.4

中国版本图书馆 CIP 数据核字(2015)第 250094 号

组稿编辑:王路平 电话:0371 - 66022212 E-mail:hhslwlp@ 126. com

出 版 社:黄河水利出版社
地址:河南省郑州市顺河路黄委会综合楼 14 层 邮政编码:450003
发行单位:黄河水利出版社
发行部电话:0371 - 66026940、66020550、66028024、66022620(传真)
E-mail:hhslcbs@ 126. com
承印单位:河南承创印务有限公司
开本:890 mm × 1 240 mm 1/32
印张:8. 125
字数:230 千字 印数:1—3 000
版次:2015 年 10 月第 1 版 印次:2015 年 10 月第 1 次印刷
定价:30. 00 元

序　一

  水是生命之源、生产之要、生态之基,水资源是基础性的自然资源、经济资源和战略资源。党中央、国务院历来重视水资源的开发、利用、节约、保护和管理。特别是 2011 年以来,党中央、国务院对实行最严格水资源管理制度做出了全面部署并取得了显著成效。面对日趋严峻的水安全形势,习近平总书记于 2014 年提出了"节水优先、空间均衡、系统治理、两手发力"的新时期治水方针,为我国水安全保障指明了方向,同时也对最严格水资源管理制度的实施提出了新的要求。用水总量控制是实施最严格水资源管理制度"三条红线"核心内容,而强化用水总量控制的重要任务之一就是完善建设项目水资源论证制度。

  山东省是以资源性缺水为主,工程性、管理性、水质性缺水并存的省份,人多、地少、水缺是基本省情。随着工业化、信息化、城镇化、农业现代化和绿色化同步发展的持续推进,经济社会需水量仍会增加。伴随着水资源供需矛盾的尖锐化和最严格水资源管理制度体系的完善,建设项目水资源论证要求将更加规范、完备。山东省水利科学研究院几位长期从事水资源研究和建设项目水资源论证的技术人员,审时度势,与时俱进,针对新《建设项目水资源论证导则》(SL 322—2013)实施后的变化和要求,结合多年工作经验编写了《建设项目水资源论证导引》一书,提出了"形""数""理"逐层深入的编制方法,并以典型实例加以说明。全书观点鲜明、内容丰富,非常实用,将为广大基层从业人员提供有益的参考。

  欣然为序的同时,期待山东省水利科学研究院的广大青年科技人员,以饱满的热情,投入到实施最严格水资源管理制度的实践中,加强科技创新,注重成果推广,为实现山东省水资源可持续利用、建设具有山东特色的水安全保障体系再创佳绩。

是为序。

山东省水利厅总规划师

2015 年 10 月

序　二

认识范明元已是八年前的事了。那时,他还是个普通的工程师,因为一个课题而来东营调研。刚开始的印象是:貌不出众,倒是言谈中对问题的追究透出一股十分认真的劲头。随着调研课题的深入,同他业务上的交流渐渐地多了起来。到了 2012 年,东营市建立、实施了最严格水资源管理制度,建设项目水资源论证工作也取得了重大突破,组织专家对报告书进行评审成为一项重要的工作。于是,我抱着一种试试看的态度邀请他来参加评审。没想到,他的那股认真的劲头和业务精通的强项派上了用场,无论是对宏观要点的把握还是对细节问题的要求,都得到了本地专家和从业人员的认可。按他自己的解释,是受益于多年来水资源论证编制工作的实践。此后,他有机会就来东营与大家交流心得,特别是 2014 年《建设项目水资源论证导则》(SL 322—2013)正式实施的那几个月,更是多次与水资源管理人员、论证从业人员交流,获得了不少体会。现在,当他提出让我为他们团队的新著《建设项目水资源论证导引》作序时,作为良师益友,我欣然从命。

这本小册子,我个人认为有三个突出的特点:一是面向基层专业人员,接地气,册子内容的组织摒弃了传统教科书式的说教,没有深奥的道理和复杂的公式,有的只是通俗易懂的经验总结,非常适合基层人员阅读;二是面向非专业人员有底气,在基层从事建设项目水资源论证的人员中,有许多是系统外非专业人员,他们采用册子中提出的“形”“数”“理”编制报告的方法就可以少走不少弯路,显然这一方法是多年实践工作凝聚底气的集中展现;三是示例典型有名气,册子中所列的三个例子是著书人员自己团队的成果,得到了省、部级专家的高度评价,具有典型的代表性,可以成为基层建设项目水资源论证的标杆。真心希望这本册子能成为广大基层水资源论证工作者的良师益友!

范明元及他的团队还很年轻,他们未来的路还很长远,要经受的考验也会很多,这本册子也只是他们取得的一项初步成果。作为朋友,期待他们将来取得更多、更好的成绩,为基层建设项目水资源论证做出更多、更大的贡献。

东营市水利局水资办主任

2015 年 10 月

目　录

序　一 .... 杜贞栋
序　二 .... 高建民
第一章　建设项目水资源论证概述 ································· （1）
　　第一节　水资源论证制度的发展历程与意义 ············· （1）
　　第二节　水资源论证的主要内容与程序 ················· （4）
第二章　建设项目水资源论证报告书的编制 ··················· （15）
　　第一节　水资源论证报告书的"形" ····················· （15）
　　第二节　水资源论证报告书的"数" ····················· （29）
　　第三节　水资源论证报告书的"理" ····················· （75）
第三章　一般工业项目水资源论证示例 ······················· （84）
　　第一节　项目简介 ···································· （84）
　　第二节　项目取水合理性分析 ························· （85）
　　第三节　项目水量平衡与用水量核定 ··················· （92）
　　第四节　再生水取水水源论证 ························· （128）
　　第五节　黄河水取水水源论证 ························· （139）
　　第六节　取退水影响论证与水资源保护措施 ··········· （148）
第四章　一般工业项目水资源论证示例二 ····················· （160）
　　第一节　项目简介 ···································· （160）
　　第二节　水源方案与水源论证方案 ····················· （161）
　　第三节　矿坑涌水水源论证 ··························· （163）
　　第四节　地表水水源论证 ····························· （181）
　　第五节　自来水水源论证 ····························· （204）
　　第六节　水源论证结论 ······························· （205）

第五章　水利水电项目水资源论证示例 ┈┈┈┈┈┈（206）

　　第一节　项目简介 ┈┈┈┈┈┈┈┈┈┈┈┈┈┈（206）

　　第二节　项目取用水合理性分析 ┈┈┈┈┈┈┈┈（207）

　　第三节　取水水源论证 ┈┈┈┈┈┈┈┈┈┈┈┈（216）

　　第四节　取退水影响分析 ┈┈┈┈┈┈┈┈┈┈┈（237）

后　记 ┈┈┈┈┈┈┈┈┈┈┈┈┈┈┈┈┈┈┈（249）

参考文献 ┈┈┈┈┈┈┈┈┈┈┈┈┈┈┈┈┈┈（251）

第一章　建设项目水资源论证概述

建设项目是新建、改建、扩建建设项目的简称。对于直接从江河、湖泊或者地下取用水资源的单位和个人,按照《中华人民共和国水法》第四十八条的规定,应"向水行政主管部门或者流域管理机构申请领取取水许可证,并缴纳水资源费,取得取水权。"国务院第 460 号令《取水许可和水资源费征收管理条例》进一步要求:建设项目需要取水的,申请人应当提交由具备建设项目水资源论证资质的单位编制的建设项目水资源论证报告书。这样,开展水资源论证就成为建设项目业主单位办理取水许可的重要一环,并发展成一项制度论证成果则是水行政主管部门开展行政审批不可或缺的技术依据。水资源论证制度因取水许可审批而生,随水资源管理强化而兴,经历了多个发展阶段,目前已建立起相对完善的管理体系。

第一节　水资源论证制度的发展历程与意义

一、水资源论证制度的发展历程

水资源论证制度自取水许可审批开始以来,短短 20 年时间却经历了酝酿期、探索期和完善期等三个阶段,而且正向成熟期过渡。

1993 年,国务院颁布实施《取水许可制度实施办法》,取水许可审批成为我国强化水资源管理的重要环节。为了完善建设项目取水管理和水资源合理配置,1997 年国家计划委员会和水利部又联合下发了《关于建设项目办理取水许可预申请的通知》,成为开展建设项目水资源论证的指导性文件,一些省份开展具体的实践活动并取得了一定的成效。通过多年的酝酿,加强建设项目水资源论证管理工作逐渐达成共识。2002 年 3 月 24 日,水利部和国家发展计划委员会联合发布了

《建设项目水资源论证管理办法》，即第 15 号令，明确提出对需要申请取水许可的建设项目，对取用水资源建立专题论证的制度。这标志着建设项目水资源论证制度在我国正式建立和施行起来。此后，对水资源论证工作的探索持续升温，有力地推动了水资源管理工作。2005年，水利部发布了首个行业指导性技术文件《建设项目水资源论证导则（试行）》（SL/Z 322—2005），意味着建设项目水资源论证工作走向了规范化的轨道。此后一段时期，围绕该导则的应用开展了大量实践工作，对其中一些不足之处进行了广泛的探讨，一些学术性文章也被发表出来。随着最严格水资源管理制度的建立实施，《建设项目水资源论证导则（试行）》（SL/Z 322—2005）中一些不足之处日益不能适应水资源管理的需要，对该导则的修订和完善工作提上了日程。2011 年 2月 17 日，《水利水电建设项目水资源论证导则》（SL 525—2011）正式发布，并于同年 5 月 17 日起实施；2013 年 12 月 5 日，《建设项目水资源论证导则》（SL 322—2013）正式发布，并于 2014 年 3 月 5 日起实施。这两项导则的发布实施，标志着建设项目水资源论证工作登上了新台阶，相关技术要求更加趋于完善，也更加符合时代发展的需要。此后，相关行业建设项目水资源论证导则的制定工作也陆续展开，为该项事业继续走向成熟奠定了坚实有力的基础。随着习近平同志新时期治水思路的提出与贯彻实施，建设项目水资源论证制度将更加规范化、科学化。

二、水资源论证制度的意义

水资源论证制度自建立实施以来，已对我国水资源管理产生了深远的影响，成为取水许可审批、区域水资源优化配置、水生态环境保护、节水型社会建设等重要的控制和管理环节。随着最严格水资源管理制度的实行，以及新时期"节水优先、空间均衡、系统治理、两手发力"治水思路的贯彻落实，水资源论证制度也将发挥更大的作用。

（一）水资源论证制度是取水许可行政审批的重要技术支撑

取水许可制度是《中华人民共和国水法》中明确的行政许可事项，目前已成为水行政主管部门实施水资源管理的核心任务。国务院第460 号令《取水许可和水资源费征收管理条例》进一步要求：建设项目需要取水的,申请人应当提交由具备建设项目水资源论证资质的单位编制的建设项目水资源论证报告书。这样,水资源论证制度就成为取水许可审批的重要技术支撑。通过水资源论证,明确了建设项目取用水合理性、取水水源的可靠性以及取退水影响的可控性,使得取水许可审批更加科学。

(二)水资源论证制度是实施用水总量红线控制的重要管理手段

最严格水资源管理制度是要建立起"三条红线""四项制度",其中划定用水总量控制红线和实施用水总量控制管理制度是重中之重。对于区域用水总量而言,变化最活跃进而引起增量的恰恰是各类建设项目。所以,用水总量控制管理的关键正是建设项目取水审批。区域用水总量控制指标是否有余量?项目可以批什么样的水源?批多少量?等等,这些问题,就要通过开展水资源论证来解答。对于水行政主管部门来说,水资源论证制度成为实施用水总量红线控制管理的重要手段。

(三)水资源论证制度是提高区域水资源优化配置水平的重要环节

社会经济的持续增长使得水资源供需矛盾不断加剧,进而导致工农业争水、城乡争水、地区间争水等现象的发生,生态用水被挤占、地下水超采引起的地质灾害等问题也日趋严重。为此,在持续优化产业结构布局的同时,还要不断提高区域水资源优化配置水平,全面提高用水效率。水资源论证的过程,就是要站在全局的高度,统筹项目取用水需求和区域内不同的水源条件,优化配置,既有利于"高水高用、低水低用"的空间配置,也有利于"丰枯调剂、峰谷调度"的时间配置,还有利于"优水优用、劣水巧用"的部门配置。因此,水资源论证已成为提高区域水资源优化配置水平的重要环节。

(四)水资源论证制度是促进节水型社会建设的重要途径

节水型社会建设需要全民参与,需要落实到经济建设的各个方面和社会生产的各个环节,需要落实到水资源取、用、耗、排的全过程。而建设项目水资源论证覆盖所有的建设项目,约束所有涉及的单位和个人。同时,论证将对项目本身的生产工艺、用水工艺进行分析,考察其节水的先进性;将对各用水系统的用水效率指标进行分析,考察其取用水的合理性;将对取水方案进行论证,考察其可行性;将对取、退水方案进行论证,考察其可控性。只有那些取水合理、用水先进、耗水节约、退水安全的项目才能通过水资源论证审查。可见,水资源论证的特点与节水型社会建设的要求相吻合,必将促进节水型社会建设的持续推进。

(五)水资源论证制度是加快区域水生态文明建设的重要保障

党的十八大将生态文明建设与经济建设、政治建设、文化建设和社会建设统一纳入我国"五位一体"的发展总布局,使得生态文明建设在中国特色社会主义建设总体布局中的战略地位发生了根本性和历史性的变化。水是生态环境中最活跃、最复杂的组成要素和基础条件;以水资源可持续利用、水生态系统完整、水生态环境优美为主要特征的水生态文明,是生态文明建设的资源基础、重要载体和显著标志。而水生态文明建设离不开对水资源系统的统筹管理,在经济建设快速发展时期更要加强对建设项目取、退水影响的管理。开展水资源论证,规范项目取、退水方案,避免或减轻项目取用水对生态环境的破坏,对区域水生态文明建设具有重要的意义。

第二节　水资源论证的主要内容与程序

一、水资源论证的主要内容

编制报告书是建设项目水资源论证成果的具体表现形式,也是贯彻执行水资源论证制度的核心工作。根据《建设项目水资源论证管理办法》及《建设项目水资源论证导则》(SL 322—2013),水资源论证主要包括五个方面的内容。

(一)水资源及其开发利用状况分析

建设项目所在区域水资源及其开发利用状况分析是建设项目水资源论证的基础。具体内容包括:依据项目位置及取水水源方案,合理确定分析范围;阐述分析范围内自然地理、水文气象、河流水系、水文地质条件和社会经济等情况;简述分析范围内的水资源数量、质量和时空分布特点,水资源可利用总量、地表水资源可利用量和地下水可开采量;简述水功能区功能和水质管理目标、水质监测断面分布及其监测基本情况;简述分析范围内各类供水工程以及实际供水量、用水量和需水量等状况,阐述现状水平年水资源供需平衡状况,分析水资源开发利用程度,评价用水水平;简述分析范围内最严格水资源管理制度的建立及实施情况;结合现有和规划建设的取用水工程,分析水资源开发利用潜力;根据分析范围内水资源条件、水资源开发利用现状、水功能区以及生态环境等情况,分析水资源开发利用中存在的主要问题,并提出对策措施。

（二）取用水合理性分析

建设项目取用水合理性分析是贯彻国家产业政策、优化区域产业结构和布局,发展节水产业,建设节水型工业、农业、服务业和节水型社会,从源头上抓清洁生产、节水减污的重要手段。具体内容包括:从项目所属行业、建设规模、采用的技术及工艺和设备、生产的产品等,分析建设项目与国家产业政策、行业发展规划等的相符性;结合项目所在流域或者区域水资源综合规划成果,分析项目取水与流域或者区域水量分配方案（或者协议）以及用水总量控制、用水效率控制和水功能区限制纳污总量等水资源管理要求的相符性;根据建设项目取水方案、用水方案和设计方案,阐述生产工序和用水过程,分析建设项目用水、耗水和退水的关系,评价项目用水合理性;参照区域用水效率控制指标、国内外同行业先进的用水指标、有关部门制定的节水标准和取用水定额等评价项目的用水水平;从生产工艺用水的合理性、采用技术和设备的先进性、用水指标与同行业先进水平的差距以及非常规水源利用等方面分析节水潜力;根据行业先进水平提出技术可行、经济合理的节水措施,明确建设项目可节水的用水过程或者环节,核定建设项目合理的取用水量。

（三）取水水源论证

取水水源论证是水资源论证的重要内容之一,包括对地表水源、地下水源、再生水源和混合（多类型）水源水量与水质的论证。具体内容包括:综合区域水源条件及建设项目用水需求,确定合理的水源方案,多水源的要提出联合调度方案;针对各水源特点,确定水源论证方案;逐个水源分析取水水源论证范围内现状与规划水平年的资源量、用（需）水量、可供水量（或可开采量）、可利用量、水资源供需平衡情况和现状取水水源的水质,分析评价取水水源的水量保证程度、水质的适用性;论证取水口设置的合理性,包括取水位置、取水方式等。对于水利水电工程,重点分析既定工程规模的水源保证程度,在预留河道最低流量的基础上制定合理的调度线。

(四)取水影响和退水影响论证

取水影响和退水影响论证是在分别确定的取水影响范围和退水影响范围内,按照国家和地方的有关政策、法律、法规、标准等规定,综合分析项目取水和退水对区域水资源、水生态、水环境及第三者的影响。具体内容包括:从水资源条件、水域纳污能力、水功能区监督管理、水生态系统保护及对其他利益相关方的影响等方面,分析建设项目取水影响和退水影响;论证影响范围内已建、在建、已批准拟建项目取水和退水的累积与叠加影响,提出减缓或者消除不利影响的补救、补偿方案和对策措施建议;需设置入河排污口的,应根据国家对入河排污口监督管理方面的有关要求,分析论证入河排污口设置的合理性和可行性。

(五)水资源保护措施

加强水资源保护是保障项目取退水安全,降低项目取退水影响的重要措施。具体措施包括:在建设项目污废水达标排放的前提下,分析提出应进一步采取的节水减排、污染控制工程与非工程措施,明确入河污染物控制总量;提出可行的地下水及生态环境保护方案或者措施,做到合理开发、采补平衡、有效保护地下水资源与生态环境;提出固体废物堆放地防渗、划定隔离带、地表覆盖等保护措施;提出编制水资源监测方案及监督管理建议等。

总的来看,水资源论证是一项系统工程,不仅要考虑建设项目自身取水、用水的需求,还要兼顾到对当地水生态、水环境及其他用水户权益的保护;不仅要符合国家产业政策,还要符合区域经济规划、水资源条件及优化配置方案、最严格水资源管理制度要求;不仅要分析现状取用水方案的可行性,还要分析未来一段时期取用水方案的适应性。也正因为如此,水资源论证报告书的编制并不是水资源论证工作的全部,各相关利益方围绕报告书编制过程达成的共识、协议、措施方案等都属于水资源论证的内容,在此不再一一细述。

二、水资源论证的程序

以报告书编制为核心的水资源论证程序,包括报告书编制程序以及相关内容论证程序。

(一)报告书编制程序

水资源论证报告书编制过程大体可划分为四个阶段,即准备阶段、工作大纲编制阶段、报告书编制阶段和报告书审查阶段。

在准备阶段,要依据论证报告书编制委托书或招标书以及《建设项目水资源论证导则》(SL 322—2013)(简称《导则》)的要求收集相关法律法规、规范标准、规划及有关资料,完成现场现状的查勘、调研和项目资料的收集工作。

工作大纲编制阶段,是在前期准备的基础上确定水资源论证的总体思想和实施方案,可邀请相关专家开展技术咨询,为报告书的正式编制提供技术支撑。当然,有些项目不要求编制工作大纲,或者拟订的编制方案十分清晰明确,也可不开展技术咨询。

报告书编制阶段,是充分利用工作大纲编制的成果,进一步分析区域水资源及其开发利用状况,结合业主提出的项目取用水方案开展取用水合理性分析,进而选定取水水源论证方案;通过优选确定经济允许、技术可行的水源方案后,开展逐个水源的论证并提出联合调度方案;针对各水源特点,进行取水和退水影响论证,提出相应的补偿及水资源保护措施。该阶段的技术成果是水资源论证报告书(送审稿)。

报告书审查阶段,是将编制的水资源论证报告书(送审稿)交给专家组进行技术审查。以山东省为例,按照山东省水行政主管部门的要求,先将报告书送首席专家完成预审,达到上会条件的可继续组织召开审查会议,未达到上会条件的退还编制单位进一步完善,直到满足上会条件。技术审查会议是报告审查的核心环节,多名专家组成的专家组对报告书提出个人和集体的评审意见。审查会议之后,编制单位应按照评审意见对报告书进行修改,撰写修改说明与修改后的报告书一并交首席专家复核。首席专家复核认为报告书修改到位之后,编制单位方可正式出版水资源论证报告书(报批稿)。

水资源论证报告书编制程序参见图1-1。

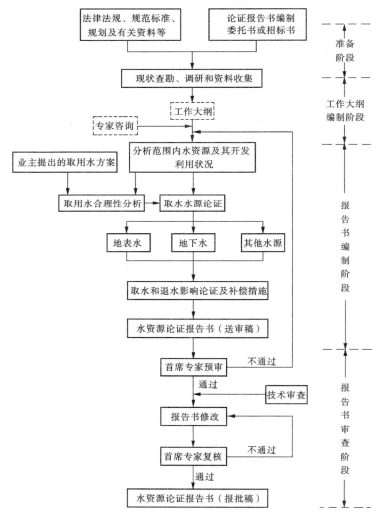

图1-1 水资源论证报告书编制程序

(二)水资源及其开发利用状况分析程序

水资源及其开发利用状况分析大体分为以下四步：

第一步,完成资料收集。具体包括分析范围内近期完成的水资源调查评价、水资源综合规划、水资源公报和水功能区划等成果;区域水文气象、水环境、社会经济、水利工程(布局和数量、规模),以及现状供水、用水、退水量等。对于一些资料成果与现状年份相差较大的,需要进行资料系列差补延长或修正处理。

第二步,完成现状水资源及其开发利用、管理的分析评价。一是要分析评价分析范围内水资源量及其时空分布特点;二是要分析评价分析范围内水功能区水质及其演变状况;三是要分析区域水资源开发利用现状水平、用水水平;四是分析说明区域最严格水资源管理制度的建立及其实施情况。

第三步,完成水资源供需平衡及开发利用潜力分析。在对区域水资源及其开发利用情况充分调查、分析评价的基础上,结合经济社会发展规划开展现状水平年及规划水平年水资源供需平衡分析。针对供需平衡分析成果中暴露出的问题,进一步开展区域水资源开发利用潜力分析。

第四步,完成区域水资源及其开发利用状况综合评价。综合区域水资源供需平衡及开发利用潜力分析成果,对比国内外先进的用水水平和最严格水资源管理制度"三条红线"控制要求,进行区域水资源开发利用的综合评价,并为缓解区域水资源供需矛盾提出相应的对策、措施和建议。

水资源及其开发利用状况分析程序参见图1-2。

(三)取用水合理性分析程序

取用水合理性分析有两条主线,即取水合理性分析和用水合理性分析,最终交汇成论证核定后的取水方案和用水方案。下面以一般工业建设项目为例说明取用水合理性分析的程序。

取水合理性分析分两步实施:首先将业主提出的取水方案与国家产业政策、区域经济发展规划、水资源综合规划、水资源配置与管理要求等相对照,确定其合理性;其次,根据项目主要用水环节对水量、水质的要求,优化取水水源方案,尽可能增加再生水等非常规水源的利用规模。

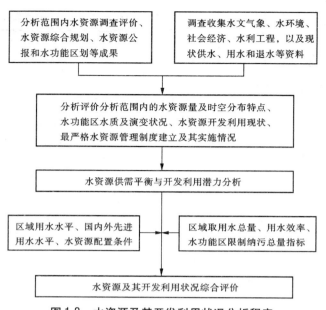

图1-2 水资源及其开发利用状况分析程序

用水合理性分析分四步实施。第一步,针对业主提出的用水方案,从生产环节入手开展水平衡分析,绘制相关图、表;第二步,利用水量平衡分析数据计算业主提出的用水方案对应的用水水平,并与相关行业定额、技术规范、同类项目等进行比较,以分析其先进程度;第三步,根据主要生产用水原理、工艺、设备及设计参数和水质要求,分析项目节水潜力,计算各用水环节可节省水量;第四步,按照先进用水水平要求重新核定项目合理用水量,计算分析核定后用水指标并与业主提出的方案进行比较分析。

最后,综合取水合理性分析和用水合理性分析成果,进一步明确项目合理的取水方案和用水方案,包括水源构成、取用水量及水质标准要求等。

一般工业建设项目取用水合理性分析程序参见图1-3。

(四)取水水源论证程序

无论是哪种水源,取水水源论证的程序大体是一致的,可分为以下

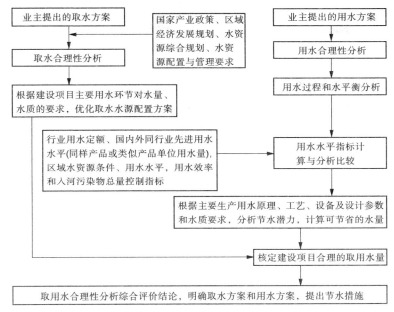

图1-3　一般工业建设项目取用水合理性分析程序

六个步骤开展。

第一步,进行资料的审查和分析,即对论证范围内收集的水文、水文地质、水资源等资料以及现场查勘情况等进行审查分析,确定资料的完整性、代表性、一致性。如有必要,则提出补充资料收集、调研、测绘、勘察、监测、试验及开展专项研究的要求。

第二步,确定采用的资料系列。综合考虑各类资料情况,选择符合《建设项目水资源论证导则》(SL 322—2013)要求的资料系列。在资料系列确定之后,所有相关资料采用的数据均应统一到这个系列中来,因而要经过甄别、剔除、补充、修正等过程。

第三步,开展可供水量或可开采量的计算评价。通过对论证范围内来水量、现状用水量、工程条件或者水文地质单元地下水资源量、现状开采等进行计算、评价,推导出拟定取水水源可向论证项目提供的可供水量或可开采量。

第四步,开展水源水质评价。根据取水水源对应于项目用水的水质要求,确定适当的水质标准,利用检测数据逐一开展水质评价。如水源水质不能满足项目用水要求,提出补救措施。

第五步,开展取水口设置或开采方案合理性分析。针对水源特点及条件,对取水口设置或开采方案的合理性进行分析,避免对水源、水生态、水环境及其他取用水户产生不良影响。

第六步,综合分析取水方案的可行性与可靠性。综合水量、水质及取水口设置,综合分析各水源取水方案的可行性与可靠性。如有多水源联合供水,需提出联合调度方案并进行可行性与可靠性分析。

地表水取水水源论证程序参见图1-4,地下水取水水源论证程序参见图1-5。

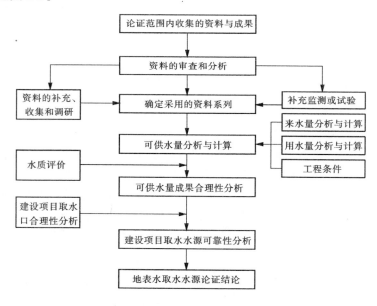

图1-4　地表水取水水源论证程序

(五)取水影响和退水影响论证程序

取水影响和退水影响论证程序相似,大体可分为四步开展。

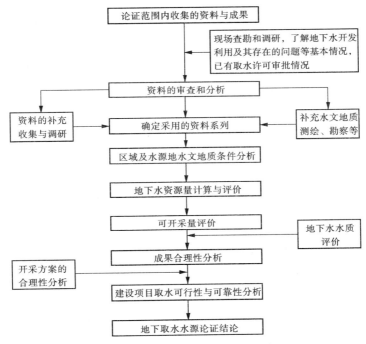

图1-5 地下水取水水源论证程序

第一步,水功能区资料的收集与审查。对取水和退水所涉及的地表及地下水功能区基础资料进行收集、审查,对于难以满足论证要求的,提出补充监测调查或开展专项试验的要求。

第二步,确定采用的基础资料。综合已有的、补充的及开展专项试验取得的数据资料,确定采用的资料序列,并将相关资料全部统一到这个序列。

第三步,开展多因子影响分析论证。其中,取水影响论证,分别从水资源时空分布影响、水功能区纳污能力影响、生态系统和生态水量影响及其他利益相关方影响等方面展开分析;退水影响论证,则分别从水功能区纳污能力影响、生态系统影响及其他利益相关方影响等方面展开分析。

第四步,提出保护措施与补救补偿方案。针对取水影响和退水影响,提出具体可加强水资源保护、削弱水生态与水环境影响、降低相关利益方损失等方面的措施和补救补偿方案。

取水影响和退水影响论证程序参见图1-6。

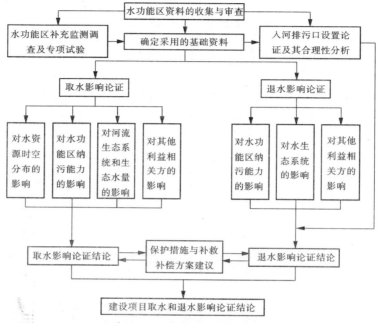

图1-6　取水影响和退水影响论证程序

第二章 建设项目水资源论证
报告书的编制

编制报告书,是执业人员开展建设项目水资源论证工作的核心任务,也是贯彻落实建设项目水资源论证制度的关键环节。为此,提交一份高质量的报告书往往成为基层技术人员开展建设项目水资源论证的终极目标。本章将从"形""数""理"等三个层次阐述建设项目水资源论证报告书编制的基本要求。

第一节 水资源论证报告书的"形"

所谓的"形"即日常所说的物体的形状。一份水资源论证报告书的"形",当然包括其编排、章节、图表及附件等表现形式,这些形式构成了报告书的形体和骨架。

一、报告书的编排

报告书的编排是一项最基本的要求,但从作者参与报告审查的经验来看,初学者或刚开始编写报告书的基层技术人员仍存在一些薄弱环节。

(一)层级应清晰

报告的层级,就是报告书文字组织的层次和分级安排。当层级不够清晰时,段与段之间、节与节之间的逻辑关系就不甚明了。最常见的现象,如中式排版与英式排版混合,汉字序列与数字序列交叉;不同级别文字串级、跃级,低级中含高级中的文字,或低级跨越级别直达更高级别;独章独节,即一章中只有一节,一节中只有一小节等。一般而言,报告书中设正式章节标题的以三级最宜,最多不超过四级;而最低一级以下正文中所设小标题也应控制在 3 级以内。

（二）字体应统一

字体统一的问题，一是字体样式，二是字号大小。在一些初学者完成的报告中，由于文字资料的来源不同，经常出现正文字体样式不断变化的现象，宋体、仿宋体、楷体、黑体等齐上阵；同样的问题是正文字号大小不统一，如三号、四号、小四号、五号、小五号等在同一份报告中均能找到，小号文字的标题统领大号文字的正文，或小号文字的正文中包含大号文字的表格，层级间字号跨度过大，等等。正确的做法是，同一级别的标题和文字，其样式和大小都统一；层级之间，由高级向低级递减，字号也由大到小递减，但应保持协调；图、表中的字号比正文的字号小 1 ~ 2 个级别，但不应影响阅读。

（三）符号应规范

报告书中的符号包括数字符号、单位符号、标点符号等类型。在符号的使用上，也经常会出现一些问题。例如，数字符号使用上，有用汉字表达混搭阿拉伯数字的，有小数点后保留有效位数字不统一的；单位符号使用上，如有用汉字表达并混用英文字母的，有用地方单位的，有大数字用小单位的；标点符号使用不够规范，突出表现在一大段文字中间全部采用逗号，没有根据表达的需要合理使用分号、顿号、破折号等。对于符号的使用，建议全文采用国际或汉语统一的标准样式和使用要求，极少数特殊情况应加注说明，最终的目的是便于阅读。

（四）排版应一致

对于整个报告书的排版，也容易出现一些上下不一致、前后不一致的问题。具体来说，例如正文行间距不统一，有的一倍行间距，有的多倍行间距；段前空格不一致，有的不空格，有的空一格，有的空多格；页眉页脚不一致，前后变化大，与章、节之间关系不明显等；页码混乱，前后不连续，主要是受分节的影响未实现统一。对于这些问题，应该说是任何正式出版的报告书在编排时都是有可能遇到的，关键还是要制定一套规则，无论其有多少章节都应统一遵循这套规则以确保报告书排版的一致性。

二、报告书的章节

在 2014 年发布实施的《建设项目水资源论证导则》(SL 322—2013)以附录的形式对报告书编写提纲进行了说明,全书共设 8 章,即:总论、水资源及其开发利用状况分析、取用水合理性分析、取水水源论证、取水影响论证、退水影响论证、影响补偿和水资源保护措施、结论与建议。该提纲总体上脉络清晰、前后呼应,章与章、节与节之间逻辑关系明确。但是,受《导则》发布面向全国的普遍适应性限制,仍存在一些值得细化完善之处。在此,作者结合山东省建设项目水资源论证报告书编制的情况,在细化《导则》所列提纲之后再提供一个参考性的提纲。

(一)《导则》所列提纲细化建议之处

1.辨别"建设项目"与"项目"表述

在《导则》所附提纲的第 1 章总论中同时出现了"建设项目"和"项目"两个概念。从字面上看,好像都是指同一个项目,但从大纲节次安排来看,建设项目概况中的"项目"是指水资源论证工作服务的主体工程项目;项目来源中的"项目"是指水资源论证工作本身。这两个概念如不加以区分,不利于初学者正确把握报告中应展开叙述的内容。事实上,从大纲需要介绍的委托单位、承担单位及工作过程来归纳,可将"项目来源"调整为"建设项目水资源论证工作情况"。这样可避免前述问题的发生。

2.补充最严格水资源管理制度要求

建设实施最严格水资源管理制度已成为我国各级水行政主管部门不断加强水资源管理的核心内容,每年都组织开展相关的考核,县级以上人民政府也要承担一定的责任。在《山东省用水总量控制管理办法》中就明确指出:"县级以上人民政府对本行政区域用水总量控制工作负总责,并将水资源开发利用、节约和保护的主要控制性指标纳入经济社会发展综合评价体系。"《导则》在水资源及其开发利用状况分析程序图中也明确要结合区域取用水总量、用水效率、水功能区限制纳污总量指标等开展水资源及其开发利用状况综合评价。然而,《导则》所提供的编写提纲中并没有直接体现最严格水资源管理制度相关要求，包括区域最严格水资源管理制度建立实施情况、项目取用水与区域最严格水资源管理制度符合性分析等。

3. 明确区域水资源供需平衡分析要求

《导则》较 2005 年发布实施的试行本，在区域水资源供需平衡分析上降低了要求，但在 5.3.2 条目中仍明确"阐述现状水平年水资源供需平衡状况""当建设项目取用水量对区域水资源配置影响显著时，应预测规划水平年可供水量和需水量，并进行供需平衡分析"等要求。由此可见，开展现状水平年水资源供需平衡分析是基本要求，开展规划水平年水资源供需平衡分析是特殊要求。同样，在《导则》所附编写提纲中并没有列出水资源供需平衡的节次。为了避免初学者发生误判，建议在提纲的第 2 章中列出具体的三级目次，明确开展水资源供需平衡分析的要求。

4. 取水合理性分析与区域经济发展规划相结合

项目取水合理性分析是《导则》中着重强调的内容之一，在大纲中也以小节的方式罗列了相应的分析任务，即产业政策相符性、水资源条件及规划的相符性、水资源配置的合理性、工艺技术的合理性等。应该说，上述要求均是十分合理的。当然，从另一个角度来看，各个区域政府部门都会结合当地的自然条件及经济优势，提出优化产业结构及布局的相关规划，在项目的选项、规模及工艺类型等方面也会提出相应的要求。所以，项目取水在满足大纲所列要求的同时，也应当符合区域经济发展规划要求。

5. 完善改扩建工程项目用水合理性分析要求

项目用水合理性分析是《导则》及其编写大纲着重强化的内容之一，也是开展建设项目水资源论证的一大难点。《导则》所附编写大纲以新建项目为对象列出了项目用水合理性分析的相关节次内容。随着我国集约化经济发展的不断推进，依据现有条件进行改建、扩建的项目越来越多。那么，改扩建工程项目用水合理性分析该如何编写呢？《导则》中明确要求：改建、扩建项目，应调查分析已建工程的取、用、耗、排水情况，分别计算项目改建、扩建前后各有关用水指标，评价改扩建前后用水水平,分析改建、扩建前建设项目的节水潜力,提出节水要求和应采取的改进措施,并结合已建工程与新建项目的取、用、耗、排水量,提出整个厂区的总取水量和用水量。为便于初学者更好地编制水资源论证报告,以改扩建工程为对象来制定用水合理性分析的节次安排,将更受欢迎。

6.优化部分章节设置

《导则》所附编写提纲在部分章节设置上还可结合各地需要加以优化调整。例如,"第4章 取水源论证"中第1节为水源方案,该节目录名称建议调整为"水源比选方案与水资源论证方案"并下设两个小节,既可统领后续节次的内容也可体现水资源论证发挥的作用;"第6章 退水影响论证"中将入河排污口(退水口)设置方案论证作为第2节退水影响的第3小节,层级可调整匹配;"第8章 结论与建议"中第1节中所列5个小节,也可适当叙述顺序。

需要说明的是,上述建议并不会影响《导则》的权威性和科学性。或许读者朋友们对《导则》所附编写大纲也早已有了深刻的认识,在此开展讨论只希望能引发大家更多的思考。

(二)推荐编写提纲

结合上述分析,提出推荐的报告书编写提纲如下:

1 总论

1.1 建设项目概况

1.1.1 基本情况(包括论证建设项目地点、占地及规划用地规模、工艺设备、原料、产品方案及规模等)

1.1.2 建设项目取用水方案

1.1.3 建设项目退水方案

附建设项目位置图

1.2 建设项目水资源论证工作情况

1.2.1 委托单位(公司情况、已建工程情况等)

1.2.2 承担单位(资质及业绩情况)

1.2.3 论证工作过程(现场勘查、大纲编制、水质检测、技术交流、技术咨询、专家评审、报告书修改等环节过程)

1.3 水资源论证目的和任务

1.4 编制依据

  1.4.1 法律规章

  1.4.2 规范性文件

  1.4.3 规范标准

  1.4.4 规划及有关资料

1.5 工作等级与水平年

  1.5.1 工作等级

  1.5.2 水平年

1.6 水资源论证范围

  1.6.1 分析范围

  1.6.2 水资源论证范围

  1.6.3 取水影响范围与退水影响范围

附分析范围图、水资源论证范围图、取水影响范围图、退水影响范围图

2 水资源及其开发利用状况分析

2.1 分析范围内基本情况

  2.1.1 自然地理与社会经济概况

  2.1.2 水文气象

  2.1.3 河流水系与水利工程

2.2 水资源状况

  2.2.1 水资源量及时空分布特点

  2.2.2 水功能区水质及其变化情况

2.3 水资源开发利用现状分析

  2.3.1 供水工程与供水量

  2.3.2 用水量与用水结构

  2.3.3 用水水平与用水效率

  2.3.4 最严格水资源管理制度建立及其实施情况

  2.3.5 水资源供需平衡分析

2.4 水资源开发利用潜力及存在的主要问题

  2.4.1 水资源开发利用潜力

2.4.2 水资源开发利用存在的问题及对策

附分析范围内供水工程、主要取用水户分布图,水功能区示意图(标注入河排污口点位和监测断面位置)

3 取用水合理性分析

3.1 取水合理性分析

3.1.1 产业政策相符性

3.1.2 区域经济发展规划相符性

3.1.3 水资源条件及规划相符性

3.1.4 水资源配置的合理性

3.1.5 工艺技术的合理性

3.2 厂区已建工程用水水平分析

3.2.1 已建工程取用水方案及规模

3.2.2 已建工程用水水平分析

3.2.3 已建工程水资源管理及节水潜力分析

3.3 新建工程用水合理性分析

3.3.1 建设项目用水环节分析

3.3.2 设计参数的合理性识别

3.3.3 污废水处理及回用

3.3.4 用水水平指标计算与比较

3.3.5 节水潜力分析

3.3.6 合理取用水量的核定(核定前后对比)

3.4 全厂用水水平综合分析

3.4.1 工程建成后全厂水量平衡分析

3.4.2 工程建成后全厂用水水平分析

3.4.3 工程建设前后全厂用水水平对比分析

3.5 最严格水资源管理制度符合性分析

3.5.1 用水总量控制符合性分析

3.5.2 用水效率控制符合性分析

3.5.3 地表水功能区限制纳污控制符合性分析

3.6 施工期取用水合理性分析

3.7　节水措施与管理

附建设项目取用水平衡图(表)

4　取水水源论证

　4.1　水源比选方案与水资源论证方案

　　4.1.1　水源比选方案

　　4.1.2　水资源论证方案

　4.2　地表水取水水源论证

　　4.2.1　依据的资料与方法

　　4.2.2　来水量分析

　　4.2.3　用水量分析

　　4.2.4　可供水量分析

　　4.2.5　水资源质量评价

　　4.2.6　取水口位置合理性分析

　　4.2.7　取水可靠性分析

　4.3　地下水取水水源论证

　　4.3.1　地质与水文地质条件分析

　　4.3.2　地下水资源量分析

　　4.3.3　地下水可开采量计算

　　4.3.4　开采后的地下水位预测

　　4.3.5　地下水水质分析

　　4.3.6　取水可靠性分析

　4.4　其他水源论证

　4.5　多水源联合调度方案

附论证范围内流域及雨量站点分布图、水文地质平面及剖面图、地下水位等值线图、地下水动态变化曲线、地下水水质监测站点分布图等图件

5　取水影响论证

　5.1　对区域水资源的影响

　　5.1.1　对区域水资源可利用量及其配置方案的影响

5.1.2 对水生态的影响

5.1.3 对水功能区纳污能力的影响

5.2 对其他用户的影响

5.2.1 对其他用户取用水条件的影响(水位、水压、引水时间、引水频率等)

5.2.2 对其他用户权益的影响

5.3 施工期取水影响论证

5.4 综合评价

6 退水影响论证

6.1 退水方案

6.1.1 退水系统及组成

6.1.2 退水总量、主要污染物排放浓度和排放规律

6.1.3 退水处理方案和达标情况

6.2 入河排污口(退水口)设置方案论证

附建设项目退水系统组成和入河排污口(退水口)位置图

6.3 退水影响

6.3.1 退水对水功能区的影响(使用功能、纳污能力和水生态)

6.3.2 退水对第三者的影响

6.3.3 施工期退水影响

6.3.4 综合评价

7 影响补偿和水资源保护措施

7.1 影响补偿

7.1.1 补偿原则

7.1.2 补偿方案(措施)建议

7.2 水资源及水生态保护措施

7.2.1 工程措施(水量、水质监测)

7.2.2 节水与管理措施

7.2.3 其他非工程措施

8 结论与建议

　8.1　结论

　　8.1.1　取用水合理性

　　8.1.2　取水方案和退水方案

　　8.1.3　取水水源可靠性

　　8.1.4　取水影响和退水影响及补偿措施建议

　　8.1.5　水资源保护措施

　　8.1.6　取退水方案可行性

　8.2　存在的问题及建议

　　8.2.1　问题(老厂区遗留问题、可研设计以及未来区域水资源优化配置等方面存在的不足或风险等)

　　8.2.2　建议(有利于项目实施、水资源优化及针对前述问题的建议)

　　当然,此次推荐的编写大纲也不是唯一或绝对完美的,应具体项目具体对待。总的原则是在保证论证内容不遗漏的前提下,尽可能便于阅读和说明问题。

三、报告图表

　　图、表是报告中展示相关论断、成果的重要途径,具有一目了然、事半功倍的成效。然而,提供的图表往往存在一些不足之处。

(一)报告图件

　　1.图件类别

　　从《导则》要求来看,报告中的图件分为两大类,即必备图件和可选图件。其中,必备图件是指《导则》中明确要求提供的基本图件成果,包括建设项目位置图、分析范围图、取水水源论证范围图、取水影响范围图、退水影响范围图、水利工程及用水户分布图、水功能区划图、项目取用水平衡图、项目退水系统组成图、项目入河排污口位置图以及开展水源论证时所需的流域及雨量站点分布图、水文地质平面及剖面图、地下水位等值线图、地下水动态变化曲线图、地下水水质监测站点分布图等;可选图件是指《导则》中虽未明确但为更好表达而建议提供的图件,如区域取用水构成图、用水水平对比图、项目生产工艺流程图、水库工程水位—库容—面积曲线图、降雨频率配线图、水库调度曲线图、多水源联合调度图、污水处理站(厂)处理工艺流程图等。无论是必备图件还是可选图件,都应当围绕表达的需要而提供。

2.注意事项

结合作者经验,提出报告图件制作的相关注意事项。

1)主题应突出

每一幅图件都应当围绕一个主题来组织,图中的线条、区块、标注等都应当用于突出这个主题,最终使得所有读者很容易抓住图件要点。当一幅图需要同时表达两个以上主题时,应确保这些主题之间不产生干扰。那些与主题关系不大且并不影响图件完整性的元素则应尽量剔除。

2)底图应清晰

底图是一幅图件的基础,若底图不够清晰就会影响图件整体阅读效果。底图不清晰的原因主要有两个,一是底图基于扫描的图片,原图几经周折已然十分模糊;二是底图比例尺不恰当,或者过大无法确定标注对象在区域中的位置,或者过小严重超出了分析范围。最好的做法是采用相关 GIS 软件绘制图件并确保标注对象在图件的中心位置,比例尺大小又十分恰当。

3)构件应完备

完整的图件包括几个基本的构成要件,如图名、图号、图例、指北针、比例尺等,均不应缺失,且整体布局应当合理。在一些初学者绘制的图件中,有的缺少了基本的构件,所示事物类别、方向、大小不明;有的布局混乱,相关构件随意摆放;有的构件之间尺寸不一,大、中、小号均有出现。应该说,构件的摆放具有一定灵活性,但应当避免"喧宾夺主"现象,要求在整幅图中能友好地发挥应有的配角作用。

4)色彩应协调

图件的色彩搭配不仅关乎其主题的表达,甚至会影响阅读者的心情,因而强调其色彩的协调性。一般来说,图件的主色调选择相对温和的色彩,需要重点标注的对象则利用深色突出显示,实现全图的层次感。在一些专题图件中,对象的表达有其规定或习惯,则应遵循这些规定或习惯,如普通铁路、高速铁路、水面等;如果没有特定的要求,则尽可能结合事物的特征来选择颜色,如取水管道和退水管道等。

(二)报告表格

1. 表格类别

《导则》明确的表格并不多,除水资源论证报告书基本情况表外还有水资源论证工作等级分析表、项目水量平衡分析表等。但事实上,为了支撑文字表述的观点和论断,在报告相关章节中往往会提供大量的表格,涉及水量、水位、水质等各方面。同样,与图件类似,表格的多寡、详略等均应当围绕水资源论证的需要来作出取舍。

2. 注意事项

由于表格众多,在初学者提供的报告中也容易出现一些问题,集中表现为构件残缺、项目模糊、格式混乱等三方面,下面提出主要的注意项目。

1)表格构件应齐全

一个完整的表格应当具有表名、表号、单位等基本构件,其中表名是该表的主题,应与表中所列事项、内容一致;表号是表格序列的编码,应与文字说明相对应;单位是表格数据量级和相关属性的表征,一般情况下不可或缺。因此,表名、表号、单位等应齐全,同时整体布局要协调统一。

2)项目设置应科学

表格中可能设置多个项目,那么这些项目在设置时应当考虑到填表数据的唯一性、明确性和可得性,不能模棱两可或无法获得。例如,《导则》所附"水资源论证报告书基本情况表"中"退水水域所在水功能区限制纳污总量指标(万 m^3)""退水水域所在水功能区实际排污总量(万 m^3)""主要污染物的排放量(m^3)及排放浓度"等项目,就存在内在矛盾问题。因为在实际应用中,污染物的排放量单位应为 t,污水的排放量单位应为 m^3 或万 m^3。如山东省下达的水功能区限制纳污指标为 COD 和氨氮,单位为 t。综合其他一些不足,在此提出修正后的"水资源论证报告书基本情况表",见表 2-1。

表2-1 水资源论证报告书基本情况表

<table>
<tr><td rowspan="7">一、基本情况</td><td colspan="2" align="center">项目名称</td><td colspan="2" align="center">项目位置</td><td></td></tr>
<tr><td colspan="2" align="center">建设规模</td><td colspan="2" align="center">所属行业</td><td></td></tr>
<tr><td colspan="2" align="center">项目单位</td><td colspan="2" align="center">报告书编制单位
及证书号</td><td></td></tr>
<tr><td colspan="2" align="center">建设项目的审批机关</td><td colspan="2" align="center">水资源论证审批机关</td><td></td></tr>
<tr><td colspan="2" align="center">业主的用水需求</td><td colspan="3"></td></tr>
<tr><td colspan="2" align="center">论证工作等级</td><td colspan="2" align="center">水平年
（现状—规划）</td><td></td></tr>
<tr><td colspan="2" align="center">取用水总量控制指标（亿 m³）</td><td colspan="2" align="center">实际取用水总量（亿 m³）</td><td></td></tr>
<tr><td rowspan="2">二、分析范围内控制指标情况</td><td colspan="2" align="center">用水效率控制指标
（万元工业增加值用水量，m³）</td><td colspan="2" align="center">万元工业增加值的
实际用水量（m³）</td><td></td></tr>
<tr><td colspan="2" align="center">退水水域所在水功能区
限制纳污总量指标
（COD/氨氮，t）</td><td colspan="2" align="center">退水水域所在水功能
区实际排污总量
（COD/氨氮，t）</td><td></td></tr>
<tr><td rowspan="8">三、取用水方案</td><td rowspan="5" align="center">业主提出的
年取水量
（万 m³）</td><td align="center">地表水</td><td></td><td rowspan="5" align="center">论证核定
的年取水
量（万 m³）</td><td align="center">地表水</td><td></td></tr>
<tr><td align="center">地下水</td><td></td><td align="center">地下水</td><td></td></tr>
<tr><td align="center">自来水</td><td></td><td align="center">自来水</td><td></td></tr>
<tr><td align="center">（其他水源）</td><td></td><td align="center">（其他水源）</td><td></td></tr>
<tr><td align="center">合计</td><td></td><td align="center">合计</td><td></td></tr>
<tr><td colspan="2" align="center">最大取水流量（m³/s）</td><td colspan="2" align="center">日最大取水量（m³/d）</td><td></td></tr>
<tr><td colspan="2" align="center">取水口位置</td><td colspan="2" align="center">用水保证率（%）</td><td></td></tr>
<tr><td colspan="2" align="center">核定后的用水定额（m³/单位产品）</td><td colspan="2" align="center">水循环利用率（%）</td><td></td></tr>
<tr><td rowspan="2">四、退水方案</td><td colspan="2" align="center">核定的年退水量（m³）</td><td colspan="2" align="center">主要污染物的排放量（t）
及排放浓度（mg/L）</td><td></td></tr>
<tr><td colspan="2" align="center">退水口位置及所在水功能区</td><td colspan="2" align="center">排放方式</td><td></td></tr>
<tr><td rowspan="3">五、水资源及水生态保护措施</td><td colspan="2" align="center">工程措施</td><td colspan="3"></td></tr>
<tr><td colspan="2" align="center">节水与管理措施</td><td colspan="3"></td></tr>
<tr><td colspan="2" align="center">其他非工程措施</td><td colspan="3"></td></tr>
</table>

3）表格格式应一致

表格格式也是初学者容易忽视的一个方面,一是表格宽幅与正文不协调,受表格内容的影响而出现表格宽幅忽大忽小的现象,甚至超出正文幅面;二是报告中不同位置的表格样式迥异,有的边框加粗,有的栏目设底色,而表格中的文字字号又忽大忽小;三是对表格跨页处理不规范,一些表格与文字混合编排而无视表格跨页显示。这些现象都影响了表格在报告中的系统性、一致性,不利于阅读。建议在同一个报告中,表格采用一种样式,包括字号、字体、构件布局、幅宽等;对于跨页的表格,可与后续文字适当调整位置以确保其能在一页中显示,对于确实超越单页的大型表格则可采用续表的方式来处理,并注意续表在表号、序号等方面与母表的连续性。

四、报告附件

(一)附件类别

《导则》中没有对相关附件做特别的说明或要求,但事实上,附件对于建设项目水资源论证相关论断的可靠性、相关方案的可行性等具有重要的支撑作用,是报告书不可或缺的内容。同时,从建设项目业主单位角度来说,落实相关附件也有利于明确各相关方的权利、义务和责任,利于项目立项和运行;对于水资源论证审批部门,既有利于实现部门间的沟通,也有利于相关利益方的协调,可降低审批风险。具体的附件类别和数据,依各项目水资源论证的内容及要求而定。常见的附件包括但不限于水资源论证工作委托书、项目立项文件、水源水质检测报告、供水(汽)协议、退水协议、占用区域用水总量的证明文件、相关单位排污许可文件、取水许可文件、建设单位按时缴费及安装节水器具的承诺以及其他需要特别说明的文件等。

(二)注意事项

一些初学者对附件的作用和意义缺乏了解,因而在会同项目建设业主准备相关附件时存在应付的思想,致使所提供的附件不全或无效。结合作者的工作经验,就附件的准备提出以下注意事项。

1. 附件类别应齐全

建设项目水资源论证附件的类别是多样化的,有委托书、检测报告、协议、合同、证明、承诺函等,根据论证的需要均应一一提供。由于受种种条件的限制,有的附件容易获得,有的附件则需要进行跨部门充分沟通或开展大量前期工作才能获得。但无论如何,都应当克服困难,将所需的附件准备齐全。

2. 论证关联应突出

应该说所有的附件都是与建设项目水资源论证的具体要求相关联的。但有些时候,会出现所提供的附件与论证的内容没有关联或关联性不强的情形,其主要原因就是报告书的编制人员没有将相关的部门、单位及事务间的关联性建立起来。例如,与项目建设单位签订供水协议的缔约方是直接供水单位的主管部门,应当在报告中或协议中加以说明。总之,只有与论证内容与要求具有关联的附件才是有效的。

3. 证明事项应到位

附件往往都要为水资源论证报告中的相关数据或论断提供证明和支撑,那么这种关系就应当十分明确。如果证明的事项交待不到位,那该附件也是无效的。例如,在一份供水证明中不说明同意供水的项目名称、取水口位置、预计供水时间、供水强度,而只声明同意供水,那显然对供水方案可行性的证明是不到位的。

4. 法律责任应明确

水资源论证报告书的附件很多具有法律约束力,因此所涉及的相关责任人或单位也应明确。为此,提供的相关协议或证明应当明确各方的权利义务、材料的有效期,责任人及单位应在相应位置签字、盖章,落款日期应与报告书编制进度相协调。

第二节　水资源论证报告书的"数"

所谓的"数"就是报告中涉及的数据,是水资源论证开展定量、定性分析最直接、最有力的途径和依据。应该说,在水资源论证报告中始终贯穿着对"数"的分析和评判,是其流动的"血液"。"数"反映在区域水资源供需平衡分析、区域最严格水资源管理制度符合性分析、项目取用水量平衡分析、供水水源可供水量评价、项目取退水影响补偿量评价等方面。

一、区域水资源供需平衡分析

水资源供需平衡分析是水资源规划和水资源管理的基础和依据，也是建设项目水资源论证过程中比选、优化水源方案的重要依据之一。因此，开展分析范围内水资源供需平衡分析具有重要意义。

（一）总体要求

2008 年 10 月 22 日实施的《水资源供需预测分析技术规范》（SL 429—2008）是开展区域水资源供需平衡分析的重要技术依据。在该规范中，将水资源供需预测分析作为总体的要求并分项介绍，包括基本原则、水平年及年型设定、预测分析方法等。本书结合建设项目水资源论证的具体实践，作简要分析。

1. 基本原则

水资源供需平衡分析应在节水优先、治污为本、多渠道开源的基础上，统筹安排生活、生产和生态环境用水，并遵循以下原则：

一是发展与保护相适应的原则，即水资源供需平衡应切实适应经济社会发展需要，但同时要预留基本的生态环境用水，为生态环境保护与修复提供条件。

二是水资源系统统筹兼顾的原则，即坚持系统论的观点，将水资源的开发、利用、治理、配置、节约和保护作为完整的系统来统筹考虑，注意系统内的均衡协调。

三是持续优化水源结构的原则，即结合区域水资源条件及社会发展用水需求来持续优化水源结构，在缓解水资源供需矛盾的同时避免引发生态环境问题，如《山东省用水总量控制管理办法》中明确要求："统筹利用区域外调入水、地表水、地下水，合理安排生活、生产和生态用水，促进地下水采补平衡，保障水资源可持续利用"。

四是水量水质统一的原则，即不仅要考虑水量平衡还要考虑水源水质对于水量平衡的影响，不仅要考虑水量调度还要考虑水质状况对于水量调度可行性的影响。

2. 水平年及年型设定

一般而言,水资源供需平衡分析应设定现状年、基准年和规划水平年,并在现状调查分析的基础上按不同年型分别进行基准年和规划水平年的预测分析。其中,现状年宜选取近期资料较完整又具有代表性的某一年份,基准年一般以现状年实际用水量为基础,规划水平年以未来时期可能的发展用水需求为基础,规划水平年可根据需要设置近期规划水平年、中期规划水平年和远期规划水平年。

年型是结合区域降水、来水和用水的年内水量分配情况,综合从降水系列、来水系列、缺水系列中选择确定。基准年和规划水平年应考虑平水年、枯水年和特枯年等年型,对应的降水或来水频率分别为50%、75%和95%(或90%)。对于特殊行业供水要求特高的,还要增加97%频率对应的年型。

在建设项目水资源论证过程中,考虑到介绍项目及项目区基本情况的便利性,现状年一般选择离水资源论证编制工作开展最近且相关基础资料较完整的年份。但在区域水资源供需平衡分析时确定的基准年,因受代表性要求的限制而可以与现状年不吻合,从而避免特枯年或丰水年对供需平衡分析结果的干扰。

3. 预测分析方法

需水预测宜以定额法或趋势法为主要方法,同时可用产品产量法、人均综合用水量预测法、弹性系数法等进行复核。供水预测则宜采用长系列系统分析方法,根据区域内供水工程的相互关联关系组成区域的供水系统,依据系统的来水条件、工程状况、需水要求及相应的运用调度方式和规划,进行调节计算,得出不同水平年各供水方案的可供水量系列,并提出不同年型的可供水量。在不具备长系列系统分析条件的地区,可采用典型年法进行供水预测。

在建设项目水资源论证报告编制过程中,可以充分参考区域或流域已有的水资源规划成果,结合项目需求特点开展综合分析。

(二)可供水量的分析与预测

可供水量包括地表水可供水量、浅层地下水可供水量、外调水源可供水量和其他水源可供水量等。可供水量的计算应充分考虑技术经济因素、工程规划、最严格水资源管理要求、水质状况以及对生态环境的可能影响，分析不同水源开发利用的有利和不利条件，预测不同水资源开发利用模式下可能的供水量，分析区域水资源开发利用前景和潜力。在此基础上，结合不同水平年的需水要求，拟订多种增加供水的方案，提出不同水平年、不同年型、不同供水方案的可供水量成果。基准年可供水量分析是规划年可供水量预测的基础。

1. 基准年可供水量分析

基准年可供水量分析以现状实际供水量调查成果为基础，但要对现状供水中不合理开发利用的水量进行调整，如开采深层地下水或超采地下水、突出浪费现象引起的供水量增加、偶发事件引起的供水量增加等。在现状分析基础上，结合工程的调度运行规则，充分考虑不同年型来水量和需水量的变化影响，通过长系列调节计算或典型年计算，获得基准年不同年型的可供水量。

2. 地表水可供水量预测

地表水可供水资源由地表水供水工程提供，而地表水供水工程主要有蓄水工程、引提水工程及外流域调水工程等。对于区域地表水可供水量预测，应以有水力联系的地表水供水工程所组成的供水系统为调算主体，以流域为单元，进行自上游到下游，先支流后干流的逐级调算，分别给出不同水平年、不同年型的地表水可供水量。

蓄水工程可供水量应根据来水情况、用户需求、调蓄能力和调度运行规则等计算确定，其中来水情况主要依据水文数据分析确定，用户需求依据社会发展规划预测分析确定，调蓄能力和调度运行规则则依据工程实际运行及未来规划情况推定。不同年型可供水量对于大型及部分条件满足的中型蓄水工程，应尽可能采用长系列调节计算；资料不足的中型工程和小型工程，可采用简化方法计算，如类比法、经验系数法等。

引提水工程可供水量同时受取水口径流量、引提水工程提水能力及用水户需水要求等因素制约。其中，引水工程的引水能力与进水口水位及引水渠道的过水能力有关，提水工程的提水能力与提水设备选型、开机运行时间等有关。这样,应将同一时段内引提水口可提引水量、引提水工程的引提水能力、用户需求量等进行比较,三者中最小的值即为该时段内引提水工程的可供水量。时段分割得越小,推算出的可供水量越精确。引提水口上游增减引提水工程对可提引水量影响明显,应当作为引提水工程可供水量预测需要考虑的重要因素。

外流域调水工程的运行一般具有严格的规定,其可供水量的计算主要是依据有关调水工程的规划及其调水规模与时间安排,并按照调度运行规则进行调配确定。有的大型调水工程,如南水北调东线工程,每年的调水量及调水时间都有明确的规划或规定,此时其可供水量按规划或规定计列。

在山东省,已制定发布了省、市、县三级用水总量控制指标。这样,在综合确定区域各水平年及各年型地表水可供水量时,还要参照对应的用水总量控制指标中当地地表水及引黄、引江等客水指标进行调整,确保该可供水量在用水总量控制指标范围以内。

3. 地下水可供水量预测

现状地下水开采量调查是开展地下水可供水量预测的基础,基准年及规划水平年地下水可供水量参照现状地下水开采量综合确定。对于现状已出现地下水超采的地区,基准年及规划水平年地下水可供水量应扣除现状浅层地下水超采量和深层地下水开采量;对于现状尚未出现地下水超采的地区,基准年及规划水平年地下水可供水量在扣除深层地下水开采量的前提下根据需要可适当增加浅层地下水开采量。深层地下水一般只作为备用水源或应急水源,各地应采取水源置换、强化节水等措施逐步压减其开采量。

在需要并有可能增加浅层地下水供水量的地区,应结合区域水文地质条件、地下水实际开采情况、地下水可开采量及地下水位动态变化特征,综合分析地下水开发利用潜力,确定其分布范围和可开发利用数量,进而确定在现状地下水供水基础上可增加供水的地域和规模。此时,还应考虑不同水平年地表水开发利用方式和节水措施不同,引起地下水补给条件的变化,进而可能给地下水可开采量带来的影响。总之,增加地下水供水量应具备充分的需求和开采条件,避免引发生态环境问题。

地下水可供水量与当地地下水可开采量、机井提水能力、开采范围取水户的需水量等有关。应结合机井运行时间确定核算时段,在每一时段内对比上述三者数值,其中最小的即可确定为该时段相应的地下水可供水量。显然,时段分割得越小,核算结果越精确。

同样,在山东省,已制定发布了省、市、县三级的地下水用水总量控制指标。在综合确定区域各水平年及各年型地下水可供水量时,还要参照对应的总量控制指标进行调整,确保该可供水量始终在总量指标控制范围以内。

4.其他水源可供水量预测

其他水源包括雨水、微咸水、海水淡化水、矿坑水、污水再生水(或中水)等,因在开发利用方面存在一定的技术或经济制约因素而通常被称为非常规水源。但是,随着常规水源开发潜力的减小,加大非常规水源的利用规模成为缓解区域水资源供需矛盾的重要措施,如一些水资源紧缺地区要求新增的工业用水全部通过扩大再生水利用规模的方式来解决。正因为如此,科学预测非常规水源可供水量对于正确反映区域水资源供需平衡状况具有重要意义。

非常规水源可供水量的确定,应在充分调查现状情况的基础上,结合社会用水需求、相关工程规划及经济可行性等方面因素综合分析获得,当地水资源综合规划等方面的成果则具有重要的参考价值。

(三)需水量的分析与预测

需水量一般按"三生"口径来分析预测,即生活需水、生产需水和生态需水。其中,生活需水包括城镇居民生活需水、农村居民生活需水;生产需水包括农业、工业、建筑业、第三产业等各部门需水;生态需水则包括河道外生态需水和河道内生态需水两部分。基准年需水量分析是规划水平年需水量预测的基础。

1.基准年需水量分析

基准年需水量分析应在现状用水量调查的基础上,分析因供水不足而未能满足的各类用水户合理的需求量,进而分析不同降水频率下的需水量变化,提出不同年型的需水量成果。

一般而言,在没有出现明显缺水现象的情况下,基准年生活、工业和河道外生态需水量可采用现状实际供水量,而农业需水按现状灌溉水平下不同频率年份的灌溉定额推求。由于生活、工业和河道外生态用水的供水保证率都较高,不同年型需求量均采用现状年实际统计值;而农业灌溉供水保证率只有 50% 或 75%,因而 95% 保证率时的需水量可采用 75% 保证率时的计算值而不再单独计算。事实上,我国各地农田灌溉制度差异很大,基准年农业灌溉需水量的分析一定要基于当地的实际情况,并与历年灌溉统计成果综合对比后确定。

1)生活需水量预测

生活需水量预测应根据当地经济社会发展指标的预测成果,结合区域水资源条件和供水能力建设,拟定与其经济发展和居民生活水平相适应的城镇生活用水定额和农村生活用水定额,分别进行城镇居民生活和农村居民生活需水预测。由于我国正处于城镇化快速发展阶段,人口由农村向城镇转移对生活需水量分布的影响应当进行充分的考虑。

城镇居民生活用水定额受生活用水习惯、收入水平、水价水平、节水器具普及水平以及城镇输水管网管理水平等多种因素影响。因此,应当在现状城镇生活用水调查与用水节水水平分析的基础上,参照国内外可参照地区或城镇居民生活用水变化的趋势和增长过程,综合考虑影响因素,拟定出不同水平年的城镇居民生活用水定额。相比较而言,农村生活用水定额相对稳定,但随着我国农村生活水平的提高和供水条件的持续改善,在一些地区也呈缓慢增长趋势。有时,将禽畜养殖纳入农村生活用水范畴中并称之为大生活用水一并计算,应注意不能与生产需水量预测发生重复。

2)生产需水量预测

生产需水包括农业需水、工业需水、建筑业需水和第三产业需水等,都可以采用定额法进行预测,也可以采用趋势法、人均用水定额法等多种方法进行校核验证。

农业需水包括农田灌溉(又可细分为水田、水浇地、菜田、大棚蔬菜等)、林果地灌溉(可细分为果树、苗圃、经济林等)、牧草场灌溉(含人工草场和饲料基地等)、鱼塘补水、禽畜养殖(包括大牲畜、小牲畜、家禽等)等。其中,灌溉用水具有季节性和年内分配不均匀的特点,需要综合考虑作物生长期的需要、种植结构、复种指数以及降水月分配过程等因素,结合典型调查确定科学的灌溉制度和净灌溉定额;再结合农业节水发展规划,拟定出不同水平年灌溉水利用系数;由不同降水频率年份净灌溉定额和灌溉水利用系数,利用预测的种植面积即可估算出不同年型的灌溉需水量。禽畜饲养需水量一般采用养殖数量与用水定额法估算,也可根据肉禽的产量折算成牲畜头数进行反向推算。鱼塘补水量根据鱼塘面积与补水定额估算,但要综合考虑降水量、水面蒸发量、鱼塘渗漏量和年置换水次数等因素确定合理的补水定额。

工业需水、建筑业需水和第三产业需水可结合预测的各业工业增加值及确定的对应万元增加值取用水量推求。由于工业和第三产业等包含的行业较多且用水差异较大,可根据需要进行细分,如工业可细分为火(核)电工业、高用水工业和一般工业等。当然,细分得越具体,对现状调查及未来发展趋势的预测要求也越高,但相应的需水量预测结果也越可靠。

3)生态需水量预测

(1)河道外生态环境需水量预测。

河道外生态环境需水包括城市生态环境需水(城市河湖补水、绿地需水、环境卫生需水等)和农村生态环境需水(回补地下水、人工防护林草用水等)。

对于河道外生态环境需水量,应在现状生态环境调查及脆弱性评价的基础上,根据不同水平年生态环境维持与修复目标以及对各项生态环境功能保护的具体要求,采用相应的方案进行预测。其中,城市绿化、防护林草等以植被为主体的生态环境需水量,可采用灌溉定额法预测;而河湖、湿地等人工补水引起的生态环境需水量,则可采用计算耗水量的方法进行分析。当然,城市绿化面积、河湖及湿地面积等相关基础数据,需结合城市发展规划、农村林地发展规划等进行事先的预测;河湖、湿地的蒸发深、渗漏系数等相关参数则需结合现状调查、通过观测试验等途径分析确定。

（2）河道内需水量分析预测。

河道内需水量并不参与河道外水资源供需平衡分析,但在确定河道外地表水资源可供水量时应对河道内需水进行必要的预留,因此需要统筹协调河道内、外用水,使区域水资源在河道内、外的分配更加合理。

河道内需水也可根据用途分为生产需水和生态环境需水。其中,河道内生产需水量主要包括航运、水力发电、河湖淡水养殖和旅游、休闲、娱乐等用水需求;河道内生态环境需水量从功能角度可分为维持河道基本功能需水量(防止河道断流、保持一定水质净化能力、河道输沙及维持水生生物生存的水量等)、连通湖泊湿地需水量(湖泊、沼泽地需水等)、河口生态环境需水量(冲淤保港、防潮压碱及河口生物需水等)。

河道内生产需水基本不消耗水量,但对河道内的水深、流量等有一定的要求,应根据具体的功能要求确定河道内生产需水的下限量。河道内生态环境需水量也属非消耗性用水,一般按照生态环境功能要求来开展具体的计算,主要有流量计算法(标准流量设定法,如 Tennant 法、7Q$_{10}$法、河流流量推荐值法等)、水力学法(如 R2CROSS 法、湿周法等)和栖息地法(基于生物学基础的方法,如河道内流量增加法、CASIMIR 法等)。由于河道内各项用水对于同一水体可以共同利用或重复利用,因此各项需水量并不能简单地汇总求和。应当在分别计算各项河道内需水量的基础上,将一年划分为若干个时段取外包值,再将各时段的外包值相加,经综合汇总和协调平衡后再确定河道内需水总量。

2. 需水预测成果合理性分析

应对需水预测成果进行合理性分析,包括发展趋势分析、结构分析、用水效率分析、用水节水指标分析等。一般的做法是,将不同方案、不同水平年、不同年型的预测成果与国内外可参照地区成果进行比较分析,对存在差异的部分进行归因分析,对无法合理解释的数据成果进行修正和完善。

（四）水资源供需平衡及其合理性分析

建设项目水资源论证过程中对于分析范围内的水资源供需平衡分

析,可充分参考已有的区域水资源综合规划成果,只采用典型年法进行分析计算。具体做法是,将分析预测的基准年及各规划水平年不同年型的可供水量和需水量成果进行平衡分析,通过对水资源的合理配置,得出余缺水量和余缺水率的结果。

对形成的水资源供需平衡分析计算成果应进行必要的合理性分析。可将各水平年各年型的供需平衡结果与分析范围相关的区域、流域规划成果进行对比,存在差异的要开展归因分析,无法明确起因的应审核可供水量或需水量分析预测成果的可靠性。

二、区域最严格水资源管理制度符合性分析

我国基本水情特殊、水资源供需矛盾突出、水生态环境容量有限,统筹山水林田湖各生态要素,落实最严格水资源管理制度,成为推进水生态文明建设的重要举措,也是当前阶段不断加强水资源管理、维持水资源可持续利用的重要手段。《导则》在相关论证内容说明中提出了要求,本书在报告书章节安排方面也给出了相关的建议。事实上,通过调查和分析,表明项目取用水符合区域最严格水资源管理制度要求,必将成为建设项目水资源论证的一项重要任务。

(一)最严格水资源管理制度及其符合性分析的内容

早在 2009 年全国水利工作会议上,国务院副总理回良玉首次明确提出了实行最严格水资源管理制度的总设想;同年在全国水资源管理工作会议上,水利部部长陈雷对最严格水资源管理制度作出了进一步的阐述和部署;2011 年中央一号文件《中共中央 国务院关于加快水利改革发展的决定》则系统界定了最严格水资源制度的体系构成及其基本内容;2012 年 1 月,国务院以国发〔2012〕3 号文下发了《关于实行最严格水资源管理制度的意见》,确定了我国建立实施最严格水资源管理制度的目标和具体任务、措施。总的来看,实行最严格水资源管理制度是应对我国当前日益突出的水问题、履行水利部门管理职能的重要抓手,是中国今后很长一个时期将持续推进的水资源公共政策。

最严格水资源管理制度的核心是"三条红线、四项制度"。具体来说,就是通过确立水资源开发利用控制红线,建立用水总量控制制度;

通过确立水资源利用效率红线,建立用水效率控制制度;通过确立入河湖排污总量红线,建立水功能区限制纳污制度;通过将"三条红线"控制指标纳入对地方科学发展绩效综合考核评价体系,确立最严格水资源管理责任与考核制度。

为贯彻落实最严格水资源管理制度及其要求,应切实做好"六个转变":一是在管理理念上,加快从供水管理向需水管理转变;二是在规划思路上,把水资源开发利用优先转变为节约保护优先;三是在保护举措上,加快从事后治理向事前预防转变;四是在开发方式上,加快从过度开发、无序开发向合理开发、有序开发转变;五是在用水模式上,加快从粗放利用向高效利用转变;六是在管理手段上,加快从注重行政管理向综合管理转变。同时,还应不断做好以下具体工作:一是严格建设项目水资源论证与取水许可审批管理;二是严格计划用水与用水定额管理;三是严格计量收费;四是严格水资源监测与评估;五是严格水资源管理责任考核。可以看出,建设项目水资源论证中明确最严格水资源管理制度符合性分析,既是加快水资源开发利用与管理转变,强化事前预防管理的重要环节,也是联系水资源管理微观领域和宏观领域的桥梁。

开展建设项目最严格水资源管理制度符合性分析,就是要将建设项目取水、用水、退水等环节反映出的取用水量、用水效率、污染物排放量等指标分别与区域既定的用水总量、用水效率及水功能区限制纳污总量等指标进行比对分析,考察其是否与相关的管理目标相符。对项目取用水不符合最严格水资源管理制度的,水行政主管部门将不予审批。例如,《山东省用水总量控制管理办法》第十八条就明确要求建立取水许可区域限批制度:取用水量达到或超过年度用水控制指标的,有管辖权的水行政主管部门应当对该区域内新建、改建、扩建建设项目取水许可暂停审批;取用水量达到规划期用水控制指标的,有管辖权的水行政主管部门应当对该区域内新建、改建、扩建建设项目取水许可停止审批。

(二)最严格水资源管理制度符合性分析的方法

最严格水资源管理制度符合性分析是判断项目取用水是否合理的

重要依据之一,其核心是用水总量控制符合性分析,同时用水效率控制符合性分析和水功能区限制纳污控制符合性分析也是重要的补充。由于全国各地在建立实施最严格水资源管理制度方面可能存在一定的差异,开展相关的符合性分析也不尽相同。本书则基于山东省的实际情况,开展具体讨论,读者可给合当地条件进行调整和完善。

1. 用水总量控制符合性分析

用水总量是指在一定区域和期限内最大允许开发利用的地表水、地下水资源量和区域外调入水量,既有总量指标又有分项指标。而用水总量控制实行规划期用水控制指标与年度用水控制指标管理相结合的制度,因此用水总量控制指标又包括规划期控制指标和年度控制指标。这样,在建设项目水资源论证中开展用水总量控制符合性分析,既要进行总量指标控制符合性分析,又要进行分项指标控制符合性分析;既要进行现状年年度用水总量控制符合性分析,又要进行规划期用水总量控制符合性分析。只有上述各项分析均满足控制管理要求,才能表明项目取用水与用水总量控制要求是相符的。

1) 现状年符合性分析

现状年符合性分析,应在现状年区域实际用水统计量与用水总量控制指标调查的基础上展开。具体做法是,将现状年项目取用水占用指标的区域或单位实际用水总量、分项水量分别和控制指标进行对应比较,如实际用水总量和分量均未超过相应的控制指标,则表明现状年是符合的;否则,用水总量或任一分项水量超过相应的控制指标,则表明现状年是不符合的。根据《山东省用水总量控制管理办法》的规定,取用水量达到或超过年度用水控制指标的,将暂停对新建、改建、扩建建设项目取水许可的审批。而明显无法获得取水许可审批的建设项目,其水资源论证也将无法通过技术审查,更无法获得水行政主管部门的批复。

需要指出的是,存在一些少数的项目,建设用地所在地与取水水源所在地并不同属一个行政区,且区域用水总量考核各自独立。此时,应分别进行项目所在地与水源所在地行政区的用水总量控制符合性分析,只有两地均满足要求才能认为通过符合性分析。

2）规划期符合性分析

由于建设项目水资源论证和取水许可审批具有动态性特点，不断有新项目获得审批，同时又有一些老用水户取水许可指标得以核减，因此，富余的用水量指标其实也处在一个动态变化的过程中。为更加科学地考核项目取水的合理性，除现状年用水总量控制符合性分析外，还要对规划期用水总量控制符合性进行分析。

规划期用水总量控制符合性分析，应将截至规划期末预计实际发生的用水量（或分量）、已批复或承诺的用水量（或分量）、已明确核减的用水量（或分量）、已明确的水权转移总量（或分量）等指标集中起来统筹考虑。那么，富余的用水总量（或分量）应为规划期用水总量（或分量）指标扣除现状用水总量（或分量）、已批复或承诺用水总量（或分量）、已明确水权转出的用水总量（或分量），再加上明确核减的用水量（或分量）及已明确水权转入的用水总量（或分量）。规划期末富余的用水总量、分量均为正数，且能满足项目取用水需求，则表明项目取用水尚符合规划期用水总量控制要求；否则，规划期末富余的用水总量或分量为负数，或虽为正数但并不能满足项目取用水需求，则表明项目取用水不符合规划期用水总量控制要求。

2. 用水效率控制符合性分析

用水效率控制，是采用几项具体的指标来反映区域或相关部门的用水水平，进而通过优化产业结构、更新生产工艺、提高节水能力等来全面促进水资源的高效利用。在最严格水资源管理制度中，纳入用水效率控制指标体系的有万元GDP取水量、万元工业增加值取水量、农业节水灌溉率、灌溉水有效利用系数等指标。

区域性的用水效率控制指标，对具体的建设项目只具有参照意义，因而并不能直接地进行对比分析。具体的做法是，首先要结合项目特点选取适当的指标（如单位产品取水量、循环水浓缩倍率、灌溉定额等）与相关的取水定额、技术规范等要求进行比较，确保项目用水工艺先进、用水水平优异；其次，在指标数据可得的情况下，分析确定建设项目万元工业增加值取水量（适用于一般工业项目）、农业节水灌溉率和灌溉水有效利用系数（适用于农业灌溉项目）分别与区域用水效率控制现状年及规划期指标进行对比,考察项目用水与区域用水效率控制要求的符合性;再次,从项目节水管理角度定性分析其取用水与区域用水效率控制的符合性。对于有些建设项目,如输水工程、供水工程、建筑工程等,并不能获得万元工业增加值取水量等指标值,则重点与相关取用水定额、技术规范或同类工程进行对比分析,以说明其取用水的先进性。

3. 水功能区限制纳污控制符合性分析

水体的纳污能力,是指在水域使用功能不受破坏的条件下受纳污染物的最大数量,也即在一定设计水量条件下,满足水功能区水环境质量标准要求的污染物最大允许负荷量。纳污能力的大小,与水功能区范围的大小、水环境要素的特性和水体自我净化能力、污染物的理化性质等因素有关。水功能区限制纳污控制,就是结合流域、区域水环境质量状况和经济社会可持续发展对水资源的需求,制定水功能区限制纳污控制指标,实行污染物入河总量控制,促进水生态环境改善。对于一个具体的地表水功能区,如果水文、水动力、水生态等条件不发生重大的变化,其纳污能力也相对稳定。因此,水功能区限制纳污指标多以COD和氨氮两项指标反映出来,并在较长时期内保持稳定。

在建设项目水功能区限制纳污控制符合性分析中,应结合项目排水方案区别对待。对于有直排退水的项目,应开展退水口(或入河排污口)设置方案论证,充分调查涉及水功能区现状入河污染物量、已审批入河污染物量,如限制纳污指标扣除上述调查量后仍有富余且满足项目退水排污需求,则可认为符合控制要求;否则,若没有富余量或富余量不足以满足项目退水排污需求,则认为不符合控制要求。对于不设退水口(或入河排污口)的项目,其污废水应实现处理回用或排入市政污水管网,此时需说明其可行性,同意接纳污废水的单位退水应符合水功能区限制纳污控制要求。采用再生水或污水处理厂退水作为取水水源的,有利于减少入河污染物量,因而应得到充分的肯定并尽可能加以推广。

三、工业项目水量平衡分析及用水水平评价

建设项目水量平衡分析及用水水平评价是其用水合理性分析的核心内容,也是水资源论证的难点之一。在各类建设项目水量平衡分析中,工业项目因生产工艺繁多、用水环节众多而最为复杂。因此,本书仅以一般工业项目为例,开展项目水量平衡分析及其用水水平评价讨论,其他类型项目可结合自身特点参考相关的思路和方法进行具体的分析。为了更好地说明工业项目水量平衡及用水水平分析,需要对工业用水的构成及相关概念进行介绍。

(一)工业用水的构成

从用途来看,工业用水可分为生产用水和生活用水两大类。
工业用水构成如图2-1所示。

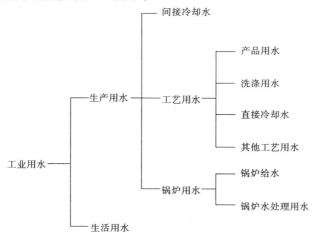

图2-1 工业用水构成示意图

1. 生产用水

生产用水是指直接用于工业生产的水量,又包括间接冷却水、工艺用水、锅炉用水。

1)间接冷却水

间接冷却水,是在工业生产过程中,为保证生产设备能在正常温度

下工作,用来吸收或转移生产设备的多余热量所使用的冷却水(此冷却用水与被冷却介质之间由热交换器壁或设备隔开)。间接冷却水是相对于直接冷却水而言的,在一些工业项目中所占用水比例较大,可达60%~80%。由于间接冷却水只作为载热介质而并不接触产品原料或参与反应,生产前后除水温升高几摄氏度至几十摄氏度外,水质几乎无变化且损耗少,因而更宜于循环利用。在建设项目水资源论证中,这部分用水成为考察用水合理性和挖掘节水潜力的重点。

2)工艺用水

工艺用水,是指在工业生产中用来制造、加工产品以及与制造、加工工艺过程有关的这部分用水,包括产品用水、洗涤用水、直接冷却水和其他工艺用水等。其中,产品用水,是指在生产过程中作为产品的生产原料的那部分用水,或成为产品的组成部分,或参与化学反应;洗涤用水,是指在生产过程中对原材料、物料、半成品进行洗涤处理的用水;直接冷却水,是指在生产过程中,为满足工艺过程需要,使产品或半成品冷却所用并与之直接接触的冷却水(包括调温、调湿使用的直流喷雾水);除产品用水、洗涤用水、直接冷却用水外的工艺用水称为其他工艺用水。工艺用水,因与原材料或半产品接触甚至参与具体的化学反应,水质较差,使用完毕后退水无法直接回用,外排需经过严格的处理。

3)锅炉用水

锅炉用水,是为工艺或采暖、发电需要提供蒸汽的锅炉使用水及锅炉水处理使用水的统称,包括锅炉给水、锅炉水处理用水。其中,锅炉给水是直接用于产生工业蒸汽进入锅炉的用水,由两部分组成:一部分是回收由蒸汽冷却得到的冷凝水,另一部分是补充的软化水;锅炉水处理用水,是为锅炉制备软化水时,所需要的再生、冲洗等项目用水。锅炉给水中蒸汽冷凝水具有水质优良、可循环利用的特点,而需要补充的软化水水量取决于锅炉排污水量,如提供高质量的软化水则有利于提高锅炉排污水的浓缩倍率,进而减少补充水量。

2. 生活用水

厂区和车间内职工生活用水及其他用途的杂用水,统称为生活用水。

（二）工业用水相关概念

工业用水涉及的概念较多，为便于项目水量平衡，需对部分概念本身加以厘清。

1. 新水量

新水量是指企业内用水单元或系统取自任何水源被该企业第一次利用的水量。

2. 取水量

取水量是企业从各种水源提取的新水量，包括主要生产取水、辅助生产取水和附属生产取水。其中，主要生产取水是直接用于主要生产过程的取水量；辅助生产取水，是为企业主要生产装置服务的辅助生产装置的取水，包括机修、运输、空压站等取水和水处理单元的自用水；附属生产取水，是在厂区内为生产服务的各种生活取水和杂用取水，但不包括基建用水和消防用水以及企业生活区的取水。

工业生产的取水量，包括取自地表水（以净水厂供水计量）、地下水、城镇供水工程，以及企业从市场购得的其他水或水的产品（如蒸汽、热水、地热水等），不包括企业自取的海水、淡化海水、企业内部的再生水和苦咸水等以及企业外供给市场的水的产品（如蒸汽、热水、地热水等）而取用的水量。

3. 用水量

用水量是企业某一用水体系（可以是企业或其一个用水系统、用水单元）在生产过程中所使用的各种水量的总和，包括取水量和重复利用水量。如该用水体系中未出现重复利用水量，则其用水量等于取水量。

企业生产的用水量，包括主要生产用水、辅助生产（机修、运输、空压站等）用水和附属生产（绿化、浴室、食堂、厕所、保健站等）用水。

4. 重复利用水量

重复利用水量，是在确定的用水单元或系统内，使用的所有未经处理和处理后重复使用的水量的总量，即循环水量和串联用水量的总和。重复利用水量，在用水单元或系统的任何子单元或系统都重复计算，使用一次即计量一次。重复利用水量在用水量中所占的比例，在很大程度上反映了所在用水单元或系统的节水水平。

5. 循环水量

循环水量是指在确定的用水单元或系统内,生产过程中已用过的水,未处理或经过处理后用于同一过程的水量。循环水量对于该用水单元或系统而言,具有代替新水的功能。显然,循环水量与隐含的所谓循环取水量、循环用水量、循环排水量等在数值上是相等的。

6. 串联用水量和串联排水量

串联用水量是指在确定的用水单元或系统,生产过程中产生的或使用后的水量,不经处理或经处理后,再用于另一单元或系统的水量。对于这个确定的用水单元或系统而言,其串联用水量是其上游用水单元及系统的串联排水量之和;而对于整个项目而言,无论有多少个用水单元或系统,也不管这些用水单元或系统间如何建立起串联用水关系,串联总用水量等于串联总排水量。

7. 耗水量

耗水量是指在确定的用水单元或系统内,生产过程中进入产品、蒸发、飞溅、携带及生活饮用等所消耗的水量。耗水量无法回收利用,但采用用水少或不用水的生产工艺或设备、增加收水装置等,将有利于减少甚至消除耗水量。

8. 排水量与退水量

排水量是指对于确定的用水单元或系统,完成生产过程和生产活动之后排出企业之外以及排出该单元进入污水系统的水量;退水量是指取用的水量,经利用后退入自然水体的水量。可以看出,排水量与退水量都是经过生产过程和活动后不再与之发生联系的外排水量,但退水量是指直接退入自然水体的水量。由于工业排水多具有污染风险,应利用自身建设的污水处理设施及独立运行的公共污水处理厂进行统一处理后再向外界排放。

9. 漏失水量

漏失水量是指企业供水及用水管网和用水设备漏失的水量,包括设备、管网、阀门、水箱、水池等用水与储水设施漏失或溢出的水量。显然,这部分水量对生产本身而言是无效的,是节水的重点对象。另外,渠道、水池等输水、贮水设施的蒸发损失计入耗水量中,在此不能重复计列。

10. 回用水量

回用水量是指企业产生的排水,直接或经处理后再利用于某一用水单元或系统的水量。增加回用水量的规模,不仅可以减少新水的取水量,还有利于控制污染物进入自然水体的总量从而保护水环境。

(三)工业项目水量平衡分析方法

上述水量之间随着水流方向而存在内在的逻辑关系和数量关系,水量平衡分析就是将这些逻辑和数量关系进行方程化表达,进而开展各用水环节、单元和系统的统计分析。

1. 水量平衡分析的基本方法

水量平衡分析的对象可以是具体的一个用水环节,也可以是包含若干个用水环节的用水单元,也可以是包含若干个用水单元的用水系统,具体则要根据建设项目论证的需要开展不同层次的分析,其原则是方便论证所需用水指标的计算。由于水量平衡原理相同,无论是哪个层次的分析,其方法是基本一致的。

对于具体的用水体系而言,按相互之间是否存在串联复用水现象而分为封闭用水体系和非封闭用水体系两种,但都遵循输入水量之和等于输出水量之和这一原则。

1)封闭用水体系水量平衡关系

对于封闭用水体系,和其他用水体系之间不存在串联利用水现象,其水量相互关系如图 2-2 所示。

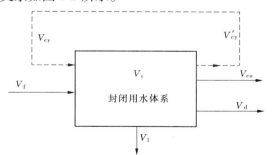

图 2-2　封闭用水体系水量平衡关系示意图

根据水量平衡原则,输入表达式为

$$V_{cy} + V_f = V_t \qquad (2\text{-}1)$$

输出表达式为

$$V_t = V'_{cy} + V_{co} + V_d + V_l \qquad (2\text{-}2)$$

输入输出平衡表达式为

$$V_{cy} + V_f = V'_{cy} + V_{co} + V_d + V_l \qquad (2\text{-}3)$$

因循环取水量等于循环排水量,即 $V_{cy} = V'_{cy}$,则上式可简化为

$$V_f = V_{co} + V_d + V_l \qquad (2\text{-}4)$$

式中: V_{cy}、V'_{cy} 为循环水量,m^3; V_f 为新水量,m^3; V_t 为用水量,m^3; V_{co} 为耗水量,m^3; V_d 为排水量,m^3; V_l 为漏失水量,m^3。

2)非封闭用水体系水量平衡关系

对于非封闭用水体系,因和其他用水体系之间存在串联利用水现象而较封闭用水体系复杂,其水量相互关系如图 2-3 所示。

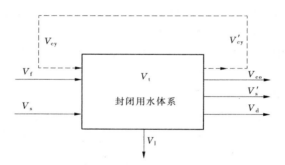

图 2-3 非封闭用水体系水量平衡关系示意图

根据水量平衡原则,输入表达式为

$$V_{cy} + V_f + V_s = V_t \qquad (2\text{-}5)$$

输出表达式为

$$V_t = V'_{cy} + V_{co} + V_d + V_l + V'_s \qquad (2\text{-}6)$$

输入输出平衡表达式为

$$V_{cy} + V_f + V_s = V'_{cy} + V_{co} + V_d + V_l + V'_s \qquad (2\text{-}7)$$

同样,因循环取水量等于循环排水量,即 $V_{cy} = V'_{cy}$,则上式可简化

为

$$V_f + V_s = V_{co} + V_d + V_l + V'_s \qquad (2\text{-}8)$$

式中: V_{cy}、V'_{cy} 为循环水量,m^3; V_f 为新水量(取水量),m^3; V_s、V'_s 为串联水量,m^3; V_t 为用水量,m^3; V_{co} 为耗水量,m^3; V_d 为排水量,m^3; V_l 为漏失水量,m^3。

2.水量平衡分析图表的制作

制作水量平衡分析图、表,将可以反映项目主要用水系统的供水、排水、耗水流程及水量等用水全景,也为项目用水水平和节水潜力分析提供依据。

依据《企业水平衡测试通则》(GB/T 12452—2008)的要求,根据企业用水管网图和用水工艺,绘制出企业内用水流程图,包括企业层次、车间或用水系统层次、重要装置或设备(用水量大或取新水量大)层次的用水流程图,详细标注各类水量,形成相关层次的水量平衡图。最终的水量平衡图应做到水源、用水流程、排水流程、退水和工艺流程清晰;各用水单元(工艺、设备、车间)输入、输出水量应平衡;对水温、水质有特殊要求的要附加说明;各环节水量单位要统一,可根据需要采用 m^3/h、m^3/d 或万 m^3/a。对于受季节性影响较大的建设项目,如热电联产项目,应同时绘制不同季节或工况的水量平衡图及年均水量平衡图,也可在年均水量平衡图上标明最大、最小水量。

在水量平衡图的基础上,用表格的形式反映出各用水环节、单元或系统不同类型的水量,并进行相应层次的统计,形成水量平衡分析表。水量平衡的图、表在用水系统分解层次、水量统计口径等方面应保持一致,以便于相互验证。原则上一张图至少对应一张表,如图中标注了多个季节或工况的水量平衡关系,则应当分季节或工况列表。

(四)工业项目用水指标分析与水平评价

水量平衡分析的目的是统计分析相关的用水指标,进而进行项目用水水平的评价,参照相关的技术规范和用水定额对用水环节的节水潜力进行分析,为项目合理用水量的确定提供依据。

1.用水指标

在开展建设项目水资源论证时,应根据项目所属的行业及类型选择具有可比性的计算指标来反映其用水水平,并能从不同角度发现用水不合理环节。所选的指标,宜采用已颁布的规范、标准及技术性文件等所规定的类别。对于一般性工业项目而言,可选的指标有单位产品取水量、万元工业增加值取水量、新水利用系数、重复利用率、直接冷却水循环率、间接冷却水循环率、蒸汽冷凝水回用率、工艺水回用率、废水回用率、非常规水资源替代率、用水综合漏失率、达标排放率等。

1)单位产品取水量

单位产品取水量是每生产 1 个单位的产品所需取用的新水量,计算方法为

$$V_{ui} = \frac{V_f}{Q} \qquad (2\text{-}9)$$

式中:V_{ui} 为单位产品取水量,m^3/单位产品;V_f 为在一定的计量时间内生产过程中取水量总和,m^3;Q 为在同一计量时间内产品产量。

2)万元工业增加值取水量

万元工业增加值取水量是指项目每产生 1 万元工业增加值所需取用的新水量,计算方法为

$$V_{vai} = \frac{V_f}{V_A} \qquad (2\text{-}10)$$

式中:V_{vai} 为万元工业增加值取水量,m^3/万元;V_f 为在一定的计量时间内生产过程中取水量总和,m^3;V_A 为在同一计量时间内的工业增加值,万元。

3)新水利用系数

新水利用系数,是指在一定的计量时间内,生产过程中使用的新水量与外排水量之差同新水量之比,计算方法为

$$K_f = \frac{V_f - V_d}{V_f} \qquad (2\text{-}11)$$

式中:K_f 为新水利用系数,$\leqslant 1$;V_f 为在一定计量时间、生产过程中取用的新水量,m^3;V_d 为在同一计量时间、生产过程中的外排水量,m^3。

4)重复利用率

重复利用率是工业用水中能够重复利用水量的重复利用程度,指

在一定的计量时间内,生产过程中所使用的重复利用水量与总用水量之比,计算方法为

$$R = \frac{V_r}{V_t} \times 100\% = \frac{V_r}{V_f + V_r} \times 100\% \qquad (2-12)$$

式中:R 为重复利用率(%);V_t 为在一定的计量时间内生产过程中用水量总和,m^3;V_f 为在同一计量时间、生产过程中取用的新水量,m^3;V_r 为在同一计量时间、生产过程中重复利用水量总和,包括循环用水量和串联用水量,m^3。

5)直接冷却水循环率

直接冷却水循环率是企业内直接冷却水循环水量与直接冷却水总用水量的比值,计算方法为

$$R_d = \frac{V_{dr}}{V_{dr} + V_{df}} \times 100\% \qquad (2-13)$$

式中:R_d 为直接冷却水循环率(%);V_{dr} 为在一定的计量时间内直接冷却水循环量,m^3;V_{df} 为在同一计量时间内直接冷却水循环系统补充水量,m^3。

6)间接冷却水循环率

间接冷却水循环率是企业内间接冷却水循环水量与间接冷却水总用水量的比值,计算方法为

$$R_c = \frac{V_{cr}}{V_{cr} + V_{cf}} \times 100\% \qquad (2-14)$$

式中:R_c 为直接冷却水循环率(%);V_{cr} 为在一定的计量时间内直接冷却水循环量,m^3;V_{cf} 为在同一计量时间内直接冷却水循环系统补充水量,m^3。

7)蒸汽冷凝水回用率

蒸汽冷凝水回用率,指在一定的计量时间内,用于生产的锅炉蒸汽冷凝水回用量与锅炉产汽量之比,计算方法为

$$R_b = \frac{V_{br}}{D} \times \rho \times 100\% \qquad (2-15)$$

式中:R_b 为蒸汽冷凝水回用率(%);V_{br} 为在一定的计量时间内蒸汽冷凝水回用量(标准状态下),m^3;D 为在同一计量时间内锅炉产汽量,t;ρ

为蒸汽单位体积质量(标准状态下),t/m^3。

8)工艺水回用率

工艺水回用率,是指在一定的计量时间内,工艺水回用量与工艺水总用水量之比,计算方法为

$$R_p = \frac{V_{pr}}{V_{pt}} \times 100\% \qquad (2\text{-}16)$$

式中:R_p 为工艺水回用率(%);V_{pr} 为在一定的计量时间内工艺水回用量,m^3;V_{pt} 为在同一计量时间内工艺水用水量,m^3。

9)企业职工人均生活日新水量

企业职工人均生活日新水量,指在企业内,每个职工在生产中每天用于生活的取水量,计算方法为

$$V_{wlf} = \frac{V_{ylf}}{nd} \qquad (2\text{-}17)$$

式中:V_{wlf} 为职工人均生活日取水量,$m^3/(人 \cdot d)$;V_{ylf} 为企业全年用于职工生活的取水量,m^3;n 为企业生产职工总人数,人;d 为企业全年工作日,d。

在《导则》中,针对不同类型项目还列出了一些用水指标,如工业废水达标排放率、每万千瓦时取水量、灌溉水利用系数、渠道衬砌率、供水管网漏损率等,都可以根据论证需要相机选用,在此不一一列述。

2. 用水水平评价

用水水平评价是判断项目用水合理性、分析项目节水措施有效性与节水潜力等工作的重要途径。通过不同层次的用水水平评价,可以发现或找到用水不合理的环节、单元或系统,进而结合经济、技术、管理等多方面条件确定有效的改进方案,不断优化项目用水方案、提高用水效率。

用水水平评价,主要是通过选择适宜的用水指标,与相关的技术规范、定额标准以及国内外同类项目用水水平进行比较,确定其先进程度。如果计算出的用水指标不能满足技术规范的要求,或达不到定额标准,或明显低于国内外同类项目用水水平,则表明项目用水水平偏低,用水方案不合理。在征求项目建设单位的同意后,应从设备选型、

工艺优化、原料提升、施工改进、管理加强等方面提出提高用水水平的方案,直到相关用水指标达到各项要求。当然,对于计算出的用水指标达到的水平明显高于技术规范或用水定额要求的,也应当开展具体的分析,落实项目用水方案的可行性。

四、水库兴利调节计算

兴利调节计算是地表水源论证的核心任务,也是初学者开展建设项目水资源论证的难点之一。在此,以山区水库时历法兴利调节计算为例,加以简要说明;至于平原水库、河道闸坝等拦蓄水工程的兴利调节计算,则完全可以参照进行并简而化之。

(一)水库特性

在长期的实践中,为了更好地除水害、兴水利,人类逐步探索出径流调节技术,而水库就是实施径流调节的工具之一。为便于介绍水库兴利调节计算的原理和方法,需了解相关的水库特性。

1. 水库面积与容积特性

水库的水面面积、容积随着水位的变化而变化,由此可以分别建立水位—面积关系曲线和水位—容积关系曲线。而通过水位,又可以实现面积与容积间的关系链接。在日常工作中,收集到的往往是一组数据,即水库各特征水位对应的水面面积和容积。此时,可以利用数学软件建立拟合关系曲线公式,进而实现三者之间的转换。

需要指出的是,利用库区地形图求测的水面面积是按水平面进行计算的,并将该情形下的库容称为静止库容。而实际上,受上游来水影响,水库中水面由坝址起沿程上溯呈回水曲线,只有当水库中水体静止时才呈水平,由此造成在大多数情况下实际库容要比静止库容大。但对于建设项目水资源论证而言,按静库容进行径流调节计算,精度已能满足要求,无需深究。另外,对于入库沙量较大时的调节计算,应按相应设计水平年和最终稳定情况下的淤积量和淤积形态,修正库容特性曲线。

2. 水库特征水位和特征库容

水库往往具有防洪、供水、灌溉、生态等多种功能。这样,为完成不同任务而在不同时期或各种水文条件下,需要控制达到或允许消落到某一特定的水位。这些水位统称为特征水位,对应于特征水位以下或两特征水位之间的水库容积称为特征库容。水库具有多个特征水位和特征库容,如图2-4所示。

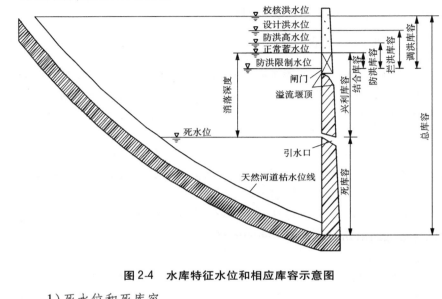

图2-4　水库特征水位和相应库容示意图

1)死水位和死库容

在水库正常运用时允许消落的最低水位称为死水位,死水位以下的库容称为死库容或垫底库容。死库容一般是不能动用的,但遭遇特殊干旱年份,为满足紧要的供水等需要,有时也允许临时动用。由于死库容的动用可能会对水库自身的安全、基本功能的持续发挥以及库区的生态环境产生不利影响,应积极采取预防措施避免该事件的发生。在开展建设项目水资源论证时,更是严禁突破死库容。

2)正常蓄水位和兴利库容

在正常条件下,为满足兴利部门枯水期的正常用水,水库在供水期开始应蓄到的水位称为正常蓄水位,又称为正常高水位或设计蓄水位。正常蓄水位至死水位之间的库容,是水库实际可用于调节径流的库容,称为兴利库容。正常蓄水位与死水位之间的水位差,可称为工作深度或消落深度。

3）防洪限制水位和结合库容

水库在汛期允许蓄水的上限水位称为防洪限制水位，又称汛期限制水位（简称汛限水位）。多数水库汛限水位低于正常蓄水位，汛限水位与正常蓄水位之间的库容称为结合库容，又称重叠库容。结合库容，在汛期用于防洪，在非汛期用于兴利。因此，汛限水位和结合库容的设置，是水库兼顾防洪与兴利需要，将防洪库容与兴利库容利用"时间差"而有机结合起来的结果。这样，在汛期和非汛期水库有了不同的上限水位。当然，对于汛期和非汛期交替时间界面不清晰的流域，其水库设置结合库容就失去意义了。

4）防洪高水位和防洪库容

当遭遇下游防护对象的设计标准洪水时，水库为控制下泄流量而在防洪限制水位以上进一步拦蓄洪水，经调洪后，在坝前允许达到的最高水位称为防洪高水位。防洪高水位与防洪限制水位之间的库容称为防洪库容。当存在不同时期的防洪限制水位时，防洪库容指防洪高水位与最低的汛期限制水位之间的库容。

5）设计洪水位和拦洪库容

当水库遭遇大坝设计标准洪水时，水库为控制下泄流量而在防洪限制水位以上进一步拦蓄洪水，经调洪后，在坝前允许达到的最高水位称为设计洪水位。设计洪水位与防洪限制水位之间的库容称为拦洪库容。由于大坝的设计防洪标准一般要比下游防护对象的标准高，故而设计洪水位多高于防洪高水位。

6）校核洪水位和调洪库容

水库遭遇大坝校核标准洪水时，为控制下泄流量而在防洪限制水位以上进一步拦蓄洪水，经调洪后，在坝前允许达到的最高水位称为校核洪水位。校核洪水位与防洪限制水位之间的库容称为调洪库容。

7）总库容

校核洪水位以下的全部库容，称为水库总库容。

在建设项目水资源论证中进行水库兴利调节计算时，主要涉及死水位、正常蓄水位、防洪限制水位及相应的库容，需要初学者熟练掌握其运用规则。

3. 水库水量损失

水库的建成蓄水,改变了河流的天然状态和库内外水力关系,进而引起额外水量损失,并需在水库兴利调节计算时计列。水库水量损失主要包括蒸发损失和渗漏损失,在冰冻地区可能还有结冰损失。

1)蒸发损失

水库蒸发损失是指水库兴建前后因蒸发量的不同,而造成的水量差值。实际上是指由陆面面积变为水面面积所增加的额外蒸发量,可以按下式计算:

$$W_{蒸} = (h_{水} - h_{陆})(\overline{F}_{库} - f) \tag{2-18}$$

$$h_{水} = \eta h_{皿} \tag{2-19}$$

$$h_{陆} = P_0 - R_0 \tag{2-20}$$

式中:$W_{蒸}$ 为计算时段内水库蒸发损失量,m^3;$h_{水}$ 为计算时段内水面蒸发深度,m;$h_{陆}$ 为计算时段内陆面蒸发深度,m;$\overline{F}_{库}$ 为计算时段内平均水库水面面积,m^2;f 为原河道水面面积(如与水库总面积相对比值极小,则可忽略不计),m^2;$h_{皿}$ 为水面蒸发皿实测水面蒸发深,m;η 为水面蒸发皿折算系数,一般为 0.65~0.80;P_0 为闭合流域多年平均年降水量,m;R_0 为闭合流域多年平均年径流深,m。

在蒸发资料充分的情况下,应求得与来、用水对应的水库年蒸发损失系列,其年内分配服从当年 $h_{皿}$ 的年内分配;如资料不充分且难以获得,在年调节或多年调节计算时,可采用多年平均的年蒸发量和多年平均的年内分配。

2)渗漏损失

水库建成蓄水后,水位抬高,水压增大,渗水面积加大,地下水情况也随之发生变化并产生渗漏损失。从渗漏的部位来看,水库渗漏损失主要有三类,即通过能透水的坝身及闸门、水轮机等水工建筑物止水不严形成的渗漏损失;通过坝基及绕坝两翼形成的渗漏损失;通过库底流向较低透水层或库外的渗漏损失。由于施工技术的不断更新进步,近代修建的挡水建筑物均采取了较可靠的防渗措施,在兴利调节计算时可只考虑库底存续的渗漏损失。

对于水库的渗漏损失,在生产实际中多根据水文地质情况,定出一些经验性的参数,作为初步估算渗漏损失的依据。例如,以一年或一个月的渗漏损失相当于水库蓄水容积的一定百分数来估算时,可采用如下数值:水文地质条件优良(指库床无透水层)0~10%/年或0~1%/月;透水性条件中等(10~20)%/年或(1~1.5)%/月;水文地质条件较差(20~40)%/年或(1.5~3)%/月。

事实上,水库运行若干年后,由于库床淤积、岩层裂隙逐渐被填塞等原因,渗漏损失会有所减少。当然,对于喀斯特溶洞发育的石灰岩地区的水库,其渗漏问题又得另当别论,需作专门研究。

3)结冰损失

严寒地区的水库,冬季水面形成冰盖,其中部分冰层会因水库供水期间水位的消落而附着库岸,相应于这部分冰层的水量成为水库的临时损失。这部分损失,会随着水库水位的回升或冰层的融解回到库区水体中。对于多年调节的水库,在连续枯水年末会出现放空情形,此时在枯水年组最后一年的结冰损失,才是真正的损失。由于这部分损失量不大,对于结冰期不明显的水库在兴利调节计算时可不予考虑。

4.水库淤积

河水中挟带的泥沙在库区内沉积,称为水库淤积。水库淤积的持续发生和发展,对水库各项功能的发挥、建筑物的安全稳定、下游河道的形态演变以及库区周边生态环境等产生一系列的影响,其中对于兴利的影响就是经常侵占调节库容而逐步减少水库综合利用效益。

水库淤积量的演算是一项很复杂的过程,且从精度、时间或经济上看都存在较大难度。因此,在实践中常采用简化方法来估算,即假定河流挟带的泥沙有一部分沉积在水库中且呈水平状增长。这样,水库运行 T 年后的淤沙总容积为

$$V_{沙总} = TV_{沙年} \qquad (2\text{-}21)$$

年淤积量为

$$V_{沙年} = \frac{\rho_0 W_0 m}{(1-P)\gamma} \qquad (2\text{-}22)$$

式中:$V_{沙总}$ 为水库运行 T 年后的淤沙总容积,m^3;T 为水库运行时间,

年;$V_{沙年}$为水库多年平均淤沙容积,m^3/年;ρ_0为多年平均含沙量,kg/m^3;W_0为多年平均径流量,m^3;m为库中泥沙沉积率(视库容的相对大小或水库调节程度而定)(%);P为淤积体的孔隙率;γ为泥沙颗粒的干容重,kg/m^3。

式(2-22)仅适用于悬移质泥沙,对于推移质泥沙一般是根据观测和调查资料来分析推移质与悬移质淤积量的比值,并进一步来计算推移质的淤积量。如水库库区有塌岸,还应计入塌岸量。因此,水库年淤积体修正为

$$V_{沙年} = (1 + \alpha) \frac{\rho_0 W_0 m}{(1 - P)\gamma} + V_{塌} \qquad (2-23)$$

式中:$V_{塌}$为水库库岸平均年坍塌量,m^3;其他符号意义同前。

(二)兴利调节分类与基本设计参数设定

1. 兴利调节分类

水库兴利调节,可从调节周期、水库任务和供水方式等不同角度进行分类。

1)按调节周期分类

所谓调节周期,是指水库的兴利库容从库空→蓄满→放空的完整蓄放过程。受水库兴利库容大小、来水量情况等因素影响,不同水库能够实现的调节周期是不同的,包括日调节、周调节、年调节和多年调节等。在调节周期内,水库兴利库容将均匀或不均匀地按用水部门的需水过程进行调节,达到丰枯调剂的目的。

通常用库容系数 β 来反映水库兴利调节能力,其计算方法是:

$$\beta = \frac{V_{兴}}{\overline{W}_{年}} \times 100\% \qquad (2-24)$$

式中:β为水库库容系数(%);$V_{兴}$为水库兴利库容,m^3;$\overline{W}_{年}$为水库多年平均来水量,m^3。

当 β 在8%~30%区间时,一般该水库可进行年调节。而如果天然径流年内分配较均匀时,β 在2%~8%区间时也可进行年调节。当 β 达到30%以上,且水库年来水量变差系数 C_v 值较小,年内水量分配

又较均匀,则可以进行多年调节。能开展较长调节周期兴利调节的,一般也能开展短调节周期兴利调节。在建设项目水资源论证过程中,对于大、中型水库且资料条件充足的,应当开展多年调节计算分析;对于小型水库或河道闸、坝等工程,则可开展典型年调节计算分析。

2)按水库任务分类

依据水库的任务进行调节分类时,可分为单一任务径流调节和综合利用径流调节。单一任务径流调节,如灌溉径流调节、工业及城市生活给水径流调节、水力发电径流调节。当同时具有两种以上调节任务时,即属于综合利用径流调节。

3)按水库供水方式分类

按水库供水方式分类,可分为固定供水调节和变动供水调节。其中,固定供水调节是指水库按固定要求供水进行径流调节,而与供水期水库来水量和蓄水量无关,如工业及城市生活给水调节;变动供水调节则是指水库随蓄水量和用户不同的要求而变动进行径流调节,如灌溉按农田需水要求供水、水电站按电力负荷要求供水等。

4)其他分类

除前述调节类型外,依据水库调节的目的还有几种调节类型,如反调节、单一水库补偿调节、水库群补偿调节等。其中反调节,是下游水库按照用水部门的需水过程,对上游水库泄流进行的再调节;单一水库补偿调节,是水库与水库下游区间来水互相补偿,以满足有关部门用水要求的调节;水库群补偿调节,则是水库间互相进行诸如水文补偿、库容补偿、电力补偿等调节,以共同满足水利、电力系统等要求的调节。

2.基本设计参数设定

在进行水库兴利调节计算时,保证率和代表期应提前设定。

1)保证率的设定

对水库供水而言,能够确保供水安全的保证程度,称为工作保证率,一般采用按照正常工作相对年数计算的"年保证率",即

$$P = \frac{\text{正常工作年数}}{\text{运行总年数}+1} \times 100\% = \frac{\text{运行总年数}-\text{工作遭受破坏年数}}{\text{运行总年数}+1} \times 100\%$$

(2-25)

显然,采用年保证率的方式是偏保守的,因为该方法中不论破坏程度和历时如何,将所有不能维持正常工作的年份均计入遭受破坏年数之中。为此,在一些调节计算中,为更确切地反映水库调节能力而按照正常工作相对历时计算的"历时保证率",即

$$P' = \frac{正常工作历时(日、旬或月)}{运行总历时(日、旬或月) + 1} \times 100\% \qquad (2\text{-}26)$$

P 与 P' 之间的换算关系是:

$$P = [1 - (1 - P')/m] \times 100\% \qquad (2\text{-}27)$$

式中:m 为破坏年份的破坏历时与总历时之比,可近似按枯水年份供水期持续时间与全年时间的比值来确定。

在一般情况下,采用年保证率的方式进行兴利调节计算即可满足建设项目水资源论证精度要求,对于特殊情况则需特殊对待。

建设项目供水保证率,一般由建设单位根据需要提出,对于不同行业或类型的项目可以采用适合的供水保证率。例如,灌溉项目在缺水地区的供水保证率可取 50% ~ 75%,大棚作物或经济作物可提高至 90%;工业用水及城镇居民生活用水,保证率可取 90% ~ 99%,大城市和重大工业项目可取高值。

2)代表期的设定

开展水库兴利调节计算时,需要从水文资料中选择若干典型年份或典型多年径流系列作为设计代表期进行计算,即代表期的设定。

在典型年兴利调节计算时,常选择有代表性的枯水年、平水年和丰水年作为设计典型年,分别称为设计枯水年、设计平水年和设计丰水年,并以设计枯水年的调节计算成果代表恰好满足设计供水保证率要求的工程兴利情况。一般情况下,采用降水或径流量作为排频依据,由 75%、50% 及 $(1 - P_设)$ 三种频率,在径流量频率曲线上分别确定不同典型年份的径流量。至于来水量年分配过程,设计枯水年要考虑最不利的年内分配;设计平水年和设计丰水年则可分别采用多年平均和来水较丰年份平均的年内分配。有时也可利用降水频率确定出不同典型年份的代表年份,再用代表年份的来水量及其年内分配进行调节计算,同

样要考虑枯水年份的最不利情形。

对于多年兴利调节计算,应尽可能选取30年以上水文资料,同时还要分析资料的一致性、代表性和可靠性。资料出现不一致性的原因较复杂,主要是受测站位置、仪器位置或轴向、仪器设备和观测方法等改变的影响而导致所观测量的相应改变,而且这种变化通常在刊布的资料中难以发觉。通过检查历年资料的一致性,对于存在明显的某些不合理的趋势或跳跃变化成分,进行物理成因分析和统计分析,查明该现象产生的原因,进而对趋势或跳跃进行数学描述并加以排除,使修正后的系列水文资料具备一致性条件。代表性是指某一具有可靠性和一致的资料样本分布对总体分布的代表性,一般采用样本(较短系列)统计参数(均值和变差系数 C_v)与总体(长系列)统计参数对比的方法进行分析,参数之间差异不明显即可视为代表性较高。在一致性和代表性分析基础上,进一步分析该系列数据的可靠性,常采用的方法如绝对值法、3年滑动平均法和双累积曲线法等。

(三)兴利调节计算原理与方法

根据国民经济各有关部门的用水要求,利用水库重新分配天然径流所进行的计算,称为兴利调节计算。对于单一水库,兴利调节计算就是确定各水利水能要素(供水量、库水位、蓄水量、弃水量、损失水量、电站出力等)的时间过程及调节流量、兴利库容和设计保证率三者间的关系,作为确定工程建设方案或运行方案的依据。对于具有水文、水力、水利及电力联系的水库群,兴利调节计算还包括研究河流上下游及跨流域之间的水量平衡,提出相关的水文补偿、库容补偿、电力补偿的合理调度方式。水库兴利调节方法主要分为时历法和概率法(也称数理统计法)两大类,随着模拟技术的发展径流调节随机模拟方法的应用也越来越多。

1.兴利调节计算原理

水库兴利调节计算的基本依据是水量平衡原理。某计算时段的水库水量平衡关系为

$$W_{末} = W_{初} + W_{入} - W_{出} \qquad (2\text{-}28)$$

式中:$W_{末}$ 为计算时段末水库蓄水量,万 m^3;$W_{初}$ 为计算时段初水库蓄

水量,万 m³;$W_人$ 为计算时段内入库总水量,包括库区降水量、上游汇水量、外调水量等,万 m³;$W_出$ 为计算时段内出库总水量,包括向各用水部门供水量、弃水量及水库损失水量等,万 m³。

采用的计算时段长短取决于调节周期及径流、用水随时间的变化程度。日调节水库一般以小时为计算时段;对于年或多年调节水库,一般以月为计算时段,有时为更加细致地反映水库兴利过程,在丰水期选用旬为计算时段。

对于水库兴利调节计算,其实存在三种情形,即:一是根据用水要求,确定兴利库容,常用于蓄水工程的规划设计;二是根据兴利库容,确定设计保证率条件下的供水水平(调节流量),常用于评估工程供水效益或确定适合的供水规模;三是根据兴利库容和水库操作方案,确定水库运用过程,常用于评估新增供水任务时的可行性。三种情形实质都是找出天然来水、各部门在设计保证率条件下的用水和兴利库容等三者间的关系。建设项目水资源论证,开展水库兴利调节计算主要是确定水源供水的可靠性和取水方案的可行性,通常符合上述第三种情形。

2. 兴利调节计算方法

在建设项目水资源论证水库调节计算中,以时历法最为常用,而概率法和随机模拟法也可以作为参照方法对调算成果进行检验。

1)时历法

兴利调节时历法,是以实测径流系列为基础,按历时顺序逐时段进行水库水量蓄泄平衡的径流调节计算方法,可以反映水库连续时段各要素演变历程。时历法适用于用水量随来水情况、水库水位与用户要求而变化的调节计算,特别是复杂的综合利用水库调节计算,但对径流系列的长度和可靠性要求较高。根据计算系列的不同,又可分为长系列法和典型年法,具体应结合资料可得性及论证要求确定。

采用时历法进行水库兴利调节计算时,应根据各年份分时段的水库来水量及初步确定的同步用水量(或出力),按设定的调节库容顺序进行径流调节计算。第 i 时段的调节计算平衡方程为

$$V_{i+1} = V_i + W_{来} - \sum W_{用} - W_{损} \qquad (2-29)$$

式中:V_i、V_{i+1} 分别为水库第 i 时段初及时段末的蓄水量,万 m^3;$W_{来}$ 为第 i 时段的水库来水量,万 m^3;$\sum W_{用}$ 为第 i 时段的水库综合利用各部门用水量之和,万 m^3;$W_{损}$ 为第 i 时段水库蒸发、渗漏、结冰等损失水量,万 m^3。

显然,某一时段末的蓄水量等于紧邻下一时段初的蓄水量,由此逐个时段演进而囊括整个计算水文系列。一般情况下,将系列最后一个时段的段末蓄水量与最前一个时段的段初蓄水量调节至相等,此时系列内水库调节演进形成一个闭合的环。

2)概率法

兴利调节概率法,是应用径流的统计特性,按概率论原理对年内、年际入库径流的不均匀性进行调节的径流调节计算方法,具体又可分为库容相加法、频率组合法和综合法。概率法只能用于多年调节,特别适用于调节程度较高的情形,其中库容相加法,可用于资料短缺的情况;频率组合法,难以用于处理综合利用水库中防洪与兴利库容结合使用的问题;综合法,兼有库容相加法和频率组合法特点,尤其适用于多年调节程度较高且有高度复杂的综合利用要求的情况。各计算方法可参见《水利工程水利计算规范》(SL 104—95)附录 A:年及多年径流调节计算方法。

3)随机模拟法

兴利调节随机模拟法,是应用水文时间序列的理论和方法,建立径流系列的随机模型,据以生成人工序列再进行调节的径流计算方法,兼有时历法与概率法的优点,较适用于综合利用要求及水库调度复杂的各种年调节及多年调节计算。应用该法时,需根据年、月(或旬)径流(或灌溉用水量)的概率分布、统计参数、序列相关系数及径流特性,建立径流时间序列模型,并随机模拟出足够长(一般可取 10 000 年)的径流序列,再据以进行径流调节。因此,该法需合理选择模拟参数并采用适当的模拟技术,进而应用计算机技术进行大量计算及反复比较,计算难度及工作量均较大。

五、地下水均衡计算

地下水均衡是地下水资源量计算的基础,也是建设项目水资源论证中地下水源论证的核心,在此作简要介绍。

(一)相关概念

1. 地下水及其类型

1)含水层与隔水层

地下水泛指储存于地表以下的水体,其中一部分赋存于地壳岩土空隙中,一部分存在于岩石"骨架"中(即矿物晶体内部或其间)。赋存地下水的岩土称为含水介质,而能够透过并给出相当数量水的岩层称为含水层,不能透过和给出水或者透过和给出水的数量很小的岩层称为隔水层。

2)包气带与饱水带

在距地表以下一定深度存在着饱水的地下水面,在该水面以上,岩土空隙没有被液态水所充满并包含与大气相连通的气体,称为包气带;地下水面以下的岩土空隙全部被液态水所充满,既有结合水也有重力水,称为饱水带。

3)包气带水

赋存在包气带中的地下水称为包气带水,包括通称为土壤水的吸着水、薄膜水、毛细水、气态水和重力渗入水,以及由特定条件形成的属于重力水状态的上层滞水。包气带居于大气水、地表水和地下水相互转化、交替的地带,包气带水是水转化的重要环节,对于水的转化及浅层地下水的补排、均衡和动态变化具有重要意义。

4)潜水和承压水

赋存在饱水带中的地下水,因含水层所受隔水层限制的状况不同,可分为潜水和承压水。

潜水是地表以下第一个稳定存在的隔水层之上具有自由水面的重力水。潜水面上任一点的高程为该点的潜水位,潜水面到地表的铅垂距离为潜水的埋藏深度(简称埋深)。潜水一般贮存于第四系松散沉积物中,也可形成于裂隙性或可溶性基岩中,因与大气水和地表水的联系密切而能积极参与水循环过程。通常情况下,潜水的分布区与补给区基本一致,接受大气降水或地表水入渗补给。潜水通过径流或蒸发的方式排泄,但蒸发排泄因只排泄水分不排泄盐分而造成盐分累积。

承压水是充满于两个隔水层之间的含水层中具有静水压力的重力水,如未充满则称为无压层间水。承压含水层有上、下两个隔水层,分别为隔水顶板(也叫限制层)和隔水底板。顶、底板之间的距离称为含水层的厚度。当穿透隔水顶板时,承压含水层中的水因其承压性将上升至含水层顶板以上某个高度而稳定下来,稳定水位高出含水层顶板面的垂直距离称为承压水头(压力水头),稳定水位的高程称为承压水在该点的承压水位。当承压水位高出地表时,承压水将喷出地表,形成自流水。承压水由于受到连续分布的隔水层限制,与大气水、地表水的联系较弱,主要通过含水层出露地表的补给区(该处的地下水实际上已属于潜水)获得补给,并通过范围有限的排泄区进行径流排泄。当顶、底板为半隔水层时,它还可通过半隔水层从上部或下部含水层获得补给(称越流补给)或排泄(称越流排泄)。

2. 水文地质条件与单元

水文地质条件是指表征地下水的形成、分布、运动以及水质、水量等特征的地质环境。根据水文地质条件的差异性(包括地质结构、岩石性质、含水层和隔水层的产状、分布及其在地表的出露情况、地形地貌、气象和水文因素等)而划分的若干个区域称为水文地质单元。每个单元都是一个具有一定边界和统一的补给、径流、排泄条件的地下水分布的区域。

水文地质单元的大小、范围、几何形状,以及封闭程度等空间形式,都是由各种水文地质边界来确定的。水文地质边界,对地下水赋存和运动起着约束作用,按岩石水文地质性质可分为透水边界和隔水边界两类,按表现形式可分为地形边界、地质边界、水文边界和人工边界。

1)透水边界

透水边界由透水岩石构成,依据其分布的位置不同,又可分为两种:一种是位于地下水补给区上游边界的补给边界,如地下水的分水岭、地表水体渗漏补给段、基岩含水层受第四系松散孔隙沉积物补给的接触面、降水渗入补给地段,以及人工补给地段等;一种是位于排泄区的起始边界,即排泄边界,如泉溢出带、排泄地下水的河段、基岩含水层排入第四系沉积物的接触面、地表水体和人工取水、矿井排水地段的抽水孔壁,以及煤矿的井巷范围等。

2)隔水边界

隔水边界是指隔水层(带)或隔水岩体,如含水层(带)与隔水层(带)的分界面、阻水断层、阻水岩体等。

3)地形边界

地下水分水岭与地表水分水岭一致时,地形分水岭就是水文地质单位的地表边界,如山前倾斜平原与山麓的交界线是前者接受基岩地下水补给的边界。

4)地质边界

地质边界又分为垂直边界和侧向边界。以地层岩性作为分界条件,如含水层(带)与顶、底板隔水层(带)的分界面为垂直边界;以地质构造作为分界条件时,含水地层中的隔水断层、岩体接触带为侧向边界。

5)水文边界

自然存在与地下水有水力联系的河流、湖泊以及泉的溢出带等称为水文边界。

6)人工边界

人工设置的边界,如抽水井、排水井巷等。

3. 水文地质参数

水文地质参数是表征岩土体水文地质特性的定量指标,如渗透系数、导水系数、水位传导系数、压力传导系数、给水度、释水系数、越流系数等。水文地质参数是进行各种水文地质计算时不可缺少的数据。就主要的参数介绍如下。

1)渗透系数

渗透系数又称水力传导系数,指在各向同性介质中单位水力梯度下的单位流量,表示流体通过孔隙骨架的难易程度。

2）导水系数

导水系数表示含水层导水能力的大小,在数值上等于渗透系数(K)与含水层厚度(M)的乘积。

3）给水度

给水度是饱和介质在重力排水作用下可以给出的水体积与多孔介质体积之比,指地下水位下降一个单位深度(水头),而从地下水位延伸到地表面的单位面积岩石柱体在重力作用下所释放出的水的体积。

4）释水系数

释水系数是表征含水层(或弱透水层)全部厚度释水(贮水)能力的参数。水头下降一个单位时,从单位面积含水层全部厚度的柱体中,由于水的膨胀和岩层的压缩而释放出的水量;或者水头上升一个单位时,它所贮入的水量。

5）越流系数

越流系数是表征弱透水层垂直方向上传导越流水量能力的参数,指弱透水层上、下含水层之间的水头差为一个单位时,垂直渗透水流通过弱透水层与含水层单位界面的流量。

一般情况下,通过开展抽水试验测求相关的水文地质参数。

4. 地下水均衡

地下水均衡指一定区域、一定时段内地下水输入水量、输出水量与蓄水变量之间的平衡关系。一个地区的水均衡计算,实质就是应用质量守恒定律去分析参与水循环的各要素的数量关系。

(二)地下水均衡计算

1. 地下水均衡要素

地下水均衡要素包括均衡区、均衡期、收支项和调蓄项等。

1）均衡区

进行地下水均衡分析计算,应选择和界定恰当的均衡单元,均衡单元的分布范围称为均衡区。在建设项目水资源论证过程中,均衡区应为地下水源论证范围。显然,均衡区最好选在一个水文地质单元内,边界明显、确切,如一个完整的地下水含水系统。

2)均衡期

均衡计算的时段,称为均衡期。均衡期长短和起止时间须根据均衡计算的目的、要求,或为简化工作需要而选定。在建设项目水资源论证过程中,均衡期可以是月、年或多年,最终要落实到相应供水保证率下的典型年份。

3)收支项

就地下水而言,凡在均衡期内进入均衡区内的各类补给量和侧向汇入的地下径流均属均衡收入项,凡自均衡区流出或排泄的各类排泄量和侧向泄出的地下径流均属均衡支出项。

4)调蓄项

对一个特定的均衡区在某一个均衡期内,地下水量在所有的补给收入项和排泄支出项下存在差额,均衡期始末的水量差值即表现为地下水贮存的变化量。如贮存量增加,称为正均衡或正调蓄;反之,贮存量减少,称为负均衡或负调蓄。建设项目取水应基于均衡区多年平均状况下能够实现采补平衡的原则,不能依赖常年的负均衡或负调蓄来实现供水。

2.地下水均衡方程式

地下水均衡的实质仍是水量平衡,其一般表达式为

$$调蓄项变化量 = 收入项总量 - 支出项总量 \qquad (2-30)$$

为方便起见,对于各分项水量均以平铺在均衡区投影面积上水层的厚度表示,通常以 mm 计。这样,在无人为因素影响条件下,对于均衡区面积 F 在均衡期 t,自地表以下至潜水隔水底板之间空间的水均衡方程式可表示为

$$\left(P_r + R_1 + Z_1 + \frac{G_1 f_1}{F}\right)_t - \left(E + R_2 + Z_2 + \frac{G_2 f_2}{F}\right)_t = \mu \Delta h \qquad (2-31)$$

式中:P_r 为大气降水入渗及大气水冷凝补给地下水量,mm;R_1 为江河、湖洼、库渠、海洋等地表水体入渗补给地下水量,mm;R_2 为江河、湖洼、库渠、海洋等地表水体排泄量及泉流排泄量,mm;Z_1、Z_2 分别为相邻含水层间越流补给量和排泄地下水量,mm;G_1、G_2 分别为地下含水层侧向补给量和排泄量,mm;f_1、f_2 分别为侧向地下径流流入、流出均衡区的边界垂直面积,m^2;F 为均衡区平面面积,m^2;E 为由毛细边缘及浅埋

潜水的潜水蒸发及植物叶面蒸腾排泄水量,mm;t 为均衡期,可以是年或多年;μ 为潜水变幅带土壤的平均给水度或饱和差值(%);Δh 为均衡期始末潜水变幅,潜水位上升取正值、下降取负值,mm。

在无越流补排且又忽略侧向地下径流量的情况下,上式可简化为

$$(P_r + R_1)_t - (E + R_2)_t = \mu \Delta h \tag{2-32}$$

对于多年均衡期 T,由于地下水保持多年均衡,即 Δh 为 0,则上式可进一步调整为

$$\sum_{i=1}^{n} (P_{ri} + R_{1i})_t = \sum_{i=1}^{n} (E_i + R_{2i})_t \tag{2-33}$$

对于有人工开采、补给的情况,上式中需计入开采量 V_2 和补给量 V_1,即

$$(P_r + R_1 + V_1)_t - (E + R_2 + V_2)_t = \mu \Delta h \tag{2-34}$$

式中:V_1、V_2 分别为人工补给地下水量(包括灌溉回归水、人工回灌等)和人工排泄地下水量(包括开采井、人工排水井、排水沟等),mm;其他符号意义同前。

在有人工开采的情况下,如均衡期 t 内的地下水补给总量不足以补偿同期排泄总量与开采量,则潜水位下降,若该现象在若干个均衡期内持续发生,则潜水位也将持续下降,下降到一定程度将对于地下水环境产生不利影响。为此,应合理开采地下水资源,保持地下水多年均衡,即对于多年均衡期($T = nt$)而言,Δh 应为零,此时:

$$\sum_{i=1}^{n} V_{2it} = \sum_{i=1}^{n} (P_{ri} + R_{1i} + V_{1i} - E_i - R_{2i})_t \tag{2-35}$$

对于地下水均衡中的各收、支项,应逐项计算,而开展抽水试验是获取部分相关水文地质参数的重要手段。

3. 地下水补给量计算

1)降水入渗补给量

水降至地面,一部分形成径流,一部分渗入土壤。渗入土壤的雨水在重力作用下,一部分继续下渗补给地下水。形成的坡面流和洼地积水,也会有一部分渗入地下补给地下水。降水入渗补给量可由下式计算获得:

$$P_r = \alpha_r (P + P_a) \tag{2-36}$$

式中:P_r 为大气降水入渗及大气水冷凝补给地下水量,mm;α_r 为降水入渗补给系数,长期观测试验所得经验值;P 为一次降水量,mm;P_a 为降水前期影响雨量,如计算时段较长则可忽略,mm。

2)河流湖泊入渗补给量

河流、湖泊和大型骨干沟渠等水体,其渗漏损失量就是对地下水的补给量,可通过实测资料分析获得,也可根据地下水观测井资料估算。其中,河流沟渠的入渗补给量可采用以下公式估算:

$$q = K\bar{h}J \qquad (2\text{-}37)$$

式中:q 为河流、沟渠单位长度向一侧的渗漏量,m³/d;K 为地下含水层平均渗漏系数,m/d;$\bar{h}$ 为地下含水层平均厚度,m;J 为地下水水力坡度。

3)越层补给水量

由于相邻含水层具有不同压力水头差,因而承压水可对弱透水层顶托渗漏补给浅层潜水。越层补给强度可按达西公式计算:

$$e = K\frac{\Delta H}{m} \qquad (2\text{-}38)$$

式中:e 为越层补给强度,m/d;K 为弱透水层的平均渗漏系数,m/d;m 为弱透水层的厚度,m;ΔH 为承压水与潜水位的水头差。

4)含水层侧向补给量

地下含水层往往是相互连通的,均衡区地下水位下降后,会与周边的含水层产生水头差,从而增加水力坡度,进而产生周边的侧向补给。同样,该类补给可按达西公式计算。

5)人工补给量

人工补给量,可以根据实际发生值计列,如人工回灌水量;也可以根据相关供水量估算,如灌溉回归水量。其中,灌溉回归水量与土质、灌溉定额、土壤含水量及灌水前地下水的埋深等因素有关,可采用以下公式估算:

$$W_s = W(1 - \eta) \qquad (2\text{-}39)$$

式中:W_s 为灌溉回归水量,m³;W 为灌溉水量,m³;η 为灌溉水有效利用系数。

4.地下水消耗量计算

1)潜水蒸发水量

地下水埋深较浅的地区,潜水蒸发可达相当数量。潜水蒸发强度与土壤输水性能、地下水埋深和气候条件等有着密切关系。可以利用水面蒸发强度来估算潜水蒸发强度,公式如下:

$$\varepsilon = \varepsilon_0 (1 - \frac{\Delta}{\Delta_0})^n \qquad (2-40)$$

式中:ε 为潜水蒸发强度,mm/a;ε_0 为水面蒸发强度,mm/a;Δ 为地下水埋深,m;Δ_0 为地下水蒸发极限深度(或潜水停止蒸发的深度),m;n 为指数,与土壤性质有关。

2)人工排泄地下水量

为供水或安全目的,人为排泄的地下水量,一般可由实际计量数据分析确定,如地下水源地开采井开采水量、人工排水井排水量等;有的可利用相关定额估算,如灌溉取水量。由于灌溉用水量较大,在一些均衡区内成为地下水消耗的主项。灌溉提水量可利用下式估算:

$$V_{2灌} = M_毛 \omega = \frac{M_净}{\eta} \omega \qquad (2-41)$$

式中:$V_{2灌}$ 为潜水蒸发强度,mm/a;$M_毛$、$M_净$ 分别为毛灌溉定额和净灌溉定额,mm/hm^2;ω 为灌溉面积,hm^2;η 为灌溉水有效利用系数。

3)其他消耗项

其他消耗项,如向河流湖泊排泄、越层排泄、侧向排泄等,分别与河流湖泊补给、越层补给、侧向补给等相对应,但流向不同,计算方法基本一致。

(三)抽水试验

抽水试验是获取含水层水文地质参数以及评估地下水取水影响的重要途径,《导则》中对于不同等级的地下水源论证分别要求开展单孔抽水试验、多孔抽水试验和群孔抽水试验。在此,仅对抽水试验作简要的介绍。

1.单孔抽水试验

单孔抽水试验是只在一个抽水孔中进行的抽水试验,具有经济和快速的优点,在水文地质参数现场确定中应用广泛。

单孔抽水试验最基本的步骤就是从试段中抽水或注水,同时在相同试段内观测水头,包括定流量抽水、定水头试验、微水试验等。定流量抽水,是在试段内按定流量抽水,适合于渗透性较大岩体中的开孔试验;定水头试验,是在试验过程中流体被注入试段或从试段中抽水,同时保持试段的水头为定值,具有数据分析简单的优点;微水试验是在钻孔中抽出或注入一定的水量后观测水位恢复的过程,适用于低渗透、中等渗透的岩土体。此外,根据试验需要还可以采取多次降深的方法进行抽水观测。由于单孔抽水试验不能直接观测降落漏斗的扩展情况,一般只能取得钻孔涌水量 Q 及其与水位降深 S 的关系和概略的渗透系数 K。

2. 多孔抽水试验

多孔抽水试验是在一个抽水孔中抽水并配置多个观测孔的抽水试验,试验类型与单孔试验基本一致。但该试验能够完成各项任务,可测定不同方向的渗透系数、影响半径的大小、降落漏斗的形态及发展情况,以及含水层之间及其与地表水之间的水力联系等,所取得的成果精度也较高。当然,因要布置专门的观测孔,试验成本相对较高。

3. 群孔抽水试验

群孔抽水试验是在两个或两个以上的抽水孔中同时抽水并配置观测孔且各孔水位和水量有明显相互影响的抽水试验,又分为一般干扰井群抽水试验和大型群孔抽水试验。一般干扰井群抽水试验是为了研究相互干扰井的涌水量与水位降深的关系;或因为含水层极富水、单个抽水孔形成的水位降深不大、降落漏斗范围太小,而需在较近的距离内打几个抽水孔,组成一个孔组同时抽水;或为了模拟开采或疏干,需在若干井孔内同时抽水,观测研究整个流场的变化。大型群孔抽水试验,一般由数个乃至数十个抽水孔组成若干井组,观测孔较多且分布范围大,可进行大流量、大降深、长时间的大型抽水试验,形成一个大的人工流场,以便充分揭露边界条件和整个流场的非均质状况。

抽水试验的类型还可依据井流理论,分为稳定流抽水试验和非稳定流抽水试验;根据抽水井的类型分为完整井抽水试验和非完整井抽水试验;根据试验段所包含的含水层情况,分为分层、分段及混合抽水试验;根据抽水顺序分为正向抽水试验和反向抽水试验。依据不同类型抽水试验的观测成果,可以推导出相关的水文地质参数,具体推导方法和公式在此不再赘述。

六、取退水影响补偿计算

建设项目取水影响和退水影响论证是新版《导则》着重强调的内容之一,对于客观存在的影响,采取相关补救措施后仍不能弥补相关利益方用水权益和公共利益的,应定量估算损失并提出补偿建议。

(一)补偿的范围与内容

建设项目取退水对利益相关者的影响是多方面的,包括论证范围内水位下降、水量减少及水质下降引起的运行成本增加、产量减少、水能降低、环境下降等,对此均应给予补偿。

1. 投资及运行费用补偿

如项目取水造成河道下游或地下水源地水位降低,并使得相关用水户的取水能力下降,则应对这些用水户为恢复原有取水能力所增加的投资和年运行费用进行补偿,如设备更新改造费、新增的动力燃料费、新增的年维护费等。

2. 水权转移及损失补偿

如果项目取水减少了既有用水户的用水量,实质上是一种挤占行为,但通过协商后又可转变成为一种水权转移行为。如果水权出让方需采取相关节水措施或新建水源工程才能弥补水量减少的损失,则应对采取的节水措施或水源工程投资及年运行费进行补偿;如不采取弥补水量的节水或水源工程措施,或虽采取了相关措施仍无法完全弥补生产损失的,则应对水量减少引起的减产损失进行补偿。

3. 水质损失补偿

项目退水可能会降低水功能区水质等级,进而影响原有水功能的行使。由此,引起相关用水户产品质量下降、居民身心健康受到危害等,则应对构成的效益减少和居民健康受损进行补偿。效益减少补偿方面,既包括产量减少引起的效益损失,也包括产品品质下降引起的效益损失;居民健康受损补偿方面,包括居民为提升用水水质而增加的设施设备投资费、运行费,以及为保障健康而增加体检费、治疗费及相关补偿费等。

4. 综合性补偿

如果项目取退水对相关用水户的影响是综合的,即在水量、水质、水能等方面均有影响,则应当在前述单项分析基础上,统一考虑项目对该用水户的影响。总的原则是,损失补偿既要保证不遗漏也要避免重复计算。

(二)补偿损失计算方法

补偿是针对相关用水户合法权益所受的影响,通过利益调整实现行业之间、区域之间和城乡之间的用水转移。项目取退水影响补偿方案,涉及工业缺水和农业缺水造成的损失计算,以及水质降低对居民健康和工农业生产造成的经济损失计算。

1. 工业缺水经济损失补偿计算

建设项目取水可能会激化论证范围内的水资源供需矛盾,甚至直接影响工业取水户的可供水量或供水保证程度,从而造成工业净经济效益的减少。显然,这种缺水影响引起的经济损失应当由建设项目业主来承担补偿责任。但对于具体工业项目的损失量,应针对该项目的特点并结合其生产规模、市场价格等多方面因素开展具体的分析。为此,应掌握工业供水项目经济效益的计算方法,以便正确分析计算工业用水户用水量减少后造成的经济损失。工业供水项目经济效益计算方法主要有最优等效替代措施法、分摊系数法、相同投资收益率法、工业缺水损失法。

2. 农业缺水经济损失补偿计算

国内现有的许多大中型拦蓄水工程,早期都是为农田灌溉服务的,当地农民群众也为此付出了代价。但随着城镇居民生活及工业生产需水量的持续增长,一些拦蓄水工程的服务对象逐渐发生了转移,即由农田灌溉向城镇生活及工业生产转移。这样,农田灌溉水源被挤占了,其结果必然造成农作物减产和农业经济效益受损。一般来说,项目取水前后农业净效益的减少即是农业缺水造成的经济损失。

农业用水减少后造成的粮食减产量,应当根据当地不同作物的灌水量和粮食产量关系图,采用边际分析的方法,按照实际的减少水量计算粮食产量的边际损失,从而正确计算减水引起的经济损失。通过灌溉经济效益计算,可以间接获得灌溉水量减少后引起的经济损失。而在进行灌溉经济效益计算时,应注意农作物产量和质量的提高是水利灌溉与肥料、种子及耕作制度等农业措施综合作用的结果。因此,应通过调查及试验对相关资料进行对比分析后再确定灌溉经济效益,且必须选用足够长的包括各种代表年的水文系列,使之具有充分的代表性。现行灌溉经济效益的计算方法主要有产量对比法、效益分摊系数法和扣除农业生产成本法。

农业损失补偿还可以采用等效替代方法计算,即通过节水工程建设或水源工程建设来消除水量减少对农田灌溉的影响。这样,补偿量就要将新建工程的固定投资及服务期内的运行费等囊括其中。

3. 水质下降引起的经济损失补偿计算

水资源是自然资源,也是环境资源,任何资源开发利用的影响都体现在质和量两方面的变化,质是表明影响的性质,而量是表明影响数量的范围与程度。项目取、退水,引起水功能区水功能的降低,其利用价值也随之降低,进而会给居民健康、工农业生产等造成危害。因此,应分析取水和退水造成水资源功能降低的程度并由此确定补偿方案。为了估算资源及影响损失价值,通常把项目的负面影响或负效益作为资源价值及损失的评估量,主要包括对社会和经济的直接损失和间接损失。评估资源价值和损失的方法很多,综合起来可为分市场价值法、替代市场法、调查评估法和费用评价法四类。

第三节　水资源论证报告书的"理"

所谓"理"是指一份报告中综合体现的深刻道理和内涵。如果说"形"是报告的形体与骨骼,"数"是报告的血液,那么"理"就是报告的气质。没有气质的报告就失去了活力,努力丰富报告的内涵,提高整体的气质水平,是建设项目水资源论证工作的最高境界。应该说,建设项目水资源论证报告可反映的道理有很多,本书只能结合当前水资源管理形势及作者体会择其精要者而言之,概括起来包括五个方面,即节水优先、优化配置、系统治理、权益平等、责任共担。

一、节水优先

(一)节水优先的内涵

节水优先是习近平同志提出的新时期"节水优先、空间均衡、系统治理、两手发力"治水思路的首要环节,可见其重要性。水利部部长陈雷指出:要落实节水优先,保障水资源的可持续利用,就要始终坚持并严格落实节水优先方针,像抓节能减排一样抓好节水,大力宣传节水和洁水观念,加强计划用水和定额管理,建立健全节水激励机制和市场准入标准,强化节水约束性指标考核,大力推进农业节水、工业节水、生活节水,加快推进节水型社会建设。那么,节水优先对于建设项目、对于建设项目水资源论证这项具体的工作又有何指导意义呢?总体上至少有两层意义,即节水优于节支和节水先于开源。

1. 节水优于节支

一个项目主体工程建设方案的确定,需要经历一系列的经济和技术比选,在此过程中应坚持"节水优于节支"的原则以确保节水优先的治水思路得到贯彻。为此,选择何种设备、何种生产工艺、何种用水工艺以及何种水处理工艺,应当将节水作为首要的考量指标,在节水的基础上再考虑尽可能地节省成本。

2. 节水先于开源

对于建设项目供水水源的优化选择,则应始终坚持"节水先于开源"的原则,即先通过节水来减少新鲜水源取用量,不足部分再考虑扩大新鲜水取用量或开采新的水源。这其实是一个多层次的节水挖潜问题,包括在厂区、工业园区或一定的行政管辖区内通过技术改造、节水技术推广、再生水回用等措施实现社会取水总量的减少,节约的水量用于扩大生产。那些为节水付出代价并取得成效的单位和集体,可以通过水权转移的方式使之得到一定的回报。而对于那些用水水平不高的企业应限制其扩大生产规模、对于那些用水水平不高的行政管辖区域应控制其新上项目的数量和类型,由此逐步形成全社会节水的"倒逼"机制。

（二）节水优先的具体举措

在建设项目水资源论证报告书编制过程中,如何来落实节水优先这一新时期治水思路呢?可以从以下方面作出努力。

1.严格用水总量和用水效率控制

按照区域建立实施最严格水资源管理制度的要求,在建设项目水资源论证报告中对区域用水总量和用水效率控制达标情况进行分析评价。对于现状年,区域用水总量或用水效率超出控制红线指标的,应暂缓论证;对规划水平年区域用水总量将超出控制红线指标的,应调整项目取水水源以减少新鲜水取用水量,直至满足区域用水总量控制要求。

2.优化项目设备和工艺

对业主提出的项目生产设备、生产工艺和用水工艺开展节水先进性调查和分析。通过分析,对那些高耗水、高排水的生产设备、生产工艺和用水工艺提出改进要求,对那些存在节水潜力的生产设备和工艺提出优化建议,鼓励建设污水处理与再生水回用设施。

3.加强项目用水量核定

应参照相关技术规范与用水定额对业主提出的项目用水进行核定,对于超出技术规范或用水定额的用水环节、用水系统,应要求改进工艺并对取用水量加以压减,至少达到相关要求的上限。对于可以采用再生水的用水环节或系统,应取用再生水。

4.明确企业节水责任

通过建设项目水资源论证,还应当帮助企业建立起节水管理体制和内在机制,落实相关节水责任。一是对于厂区内存在的水资源跑、冒、滴、漏及浪费现象进行改正,设立管理机构与专职技术人员;二是要安装节水器具;三是要建立节水观念,增强自觉节水的意识。

二、优化配置

（一）优化配置的内涵

水资源优化配置是指在流域或特定的区域范围内,遵循公平、高效和可持续利用的原则,以水资源的可持续利用和经济社会可持续发展为目标,考虑市场经济规律和资源配置准则,采用各种工程与非工程措施,通过合理抑制需求、有效增加供水、积极保护生态环境等手段和措施,对多种可利用水资源在区域间和各用水部门间进行合理调配,实现有限水资源的经济、社会和生态环境综合效益最大,以及水质和水量的统一和协调。在建设项目水资源论证过程中,也应当贯彻落实水资源优化配置的思想,实施分质供水,做到"优水优用,中水回用,劣水巧用,多水联用"。

1. 优水优用

对于水量充足、水质优良的优质水源,应优先用于居民生活、关乎国计民生的重点工业企业、用水效率高及对水源水质要求高的用水系统等。例如,在一些地区地下水资源越来越珍贵,应避免用于扩大工业生产。

2. 中水回用

在项目生产各用水系统间或各用水环节间,应尽可能扩大串联用水规模,实现中水回用。例如,蒸汽冷凝水既是中水资源,也是水质十分优良的水源,可回用于软化水系统、锅炉补水系统等;生活污水,污染物构成相对简单,预处理后大多可回用于绿化灌溉。

3. 劣水巧用

在项目生产过程中,客观形成的劣质水,也应尽可能挖掘潜力实现巧用。如在火电项目中,循环排污水含盐量高,可回用于煤场洒水抑尘,既减少了取新水量也实现了废水的无害化处理。

4. 多水联用

对于项目各用水系统对水源水质要求存在明显差异的,而潜在供水水源又有多个时,应从水量、水质统筹协调的角度实施多水源联合供水。如此,不仅有利于提高项目供水可靠性,还有利于提高区域水资源优化配置水平。

(二)优化配置的具体举措

在编制建设项目水资源论证报告书时,也可以多举措促进水资源优化配置,主要包括以下两个方面:

(1)开展多水源的比选与优化,挖掘非常规水源利用潜力。从项目自身而言,应在确定取水水源时,开展多水源的比选与优化,充分挖掘非常规水源利用潜力。水源比选时,应将潜在水源的可供水量、水质等级及项目用水系统的需水量、水质要求等进行对比,找到技术上可行、经济上允许、新鲜水源取水量最低的组合方案,努力实现项目生产全部或部分采用非常规水源。

（2）贯彻实施流域和区域水资源规划配置方案。从项目所在流域或区域而言,也应当利用建设项目水源论证的机会,持续促进水资源优化配置水平的提高。总体而言,水源配置过程中"项目应服从区域管理,区域则服从流域管理",建设项目水资源论证应按照流域和区域水资源规划配置方案要求,综合确定水源方案。例如,在山东省已逐步实施"先客水、后主水,先地表、后地下,先中水、后淡水"的配置规则,并成为建设项目水源方案确定的重要指导方针。

三、系统治理

（一）系统治理的内涵

系统治理,也是习近平同志新时期治水思路的重要理念之一,其实质是立足山水林田湖生命共同体,统筹自然生态各要素,系统解决我国当前存在的复杂水问题。陈雷部长进一步阐述,坚持系统治理,就要牢固树立山水林田湖是一个生命共同体的系统思想,把治水与治山、治林、治田有机结合起来,从涵养水源、修复生态入手,统筹上下游、左右岸、地上地下、城市乡村、工程措施非工程措施,协调解决水资源、水环境、水生态、水灾害问题;要强化河湖生态空间用途管制,打造自然积存、自然渗透、自然净化的"海绵家园""海绵城市";要加快构建江河湖库水系连通体系,加强水利水电工程生态调度,提升水资源调蓄能力、水环境自净能力和水生态修复能力;要加强水土保持和坡耕地治理,积极开展重要生态保护区、水源涵养区、江河源头区生态自然修复和预防保护,有序推动河湖休养生息;要强化地下水保护与超采区治理,逐步实现地下水采补平衡。系统治理具有丰富的内涵,从建设项目水资源论证的角度来看,可以从水文循环系统、水资源系统、经济－社会－生态系统等三个方面来把握。

1. 基于水文循环系统的治理

水文循环是水资源得以利用、更新的根本原因,因而维护水文循环过程对水资源的可持续利用就具有重要的意义。在建设项目规划时,应重视对局部水文循环过程的维护和保护,如控制项目区硬化面积、保证涉及水功能区的生态基流等。

2. 基于水资源系统的治理

水资源系统处于一个"取—用—退—排"的动态过程中,这个过程实现了水资源被从自然界取出再排回自然界的循环。但排的量将远小于取的量,排的质也将远劣于取的质。为了降低对自然的危害,就应当遵循"循环经济"中提出的"3R"原则,做到少取、回用、少退、控排,不断提高水资源的利用效率。

3. 基于经济-社会-生态系统的治理

自然水循环过程与经济社会水资源循环过程相耦合并与生态环境系统发生交互作用,形成了"经济-社会-生态"的大系统。基于这个大系统,应约束人类的经济活动以降低对生态环境的影响,实现用水总量的控制;在全社会培养节水、爱水、惜水的人文情怀,努力建设节水型社会;对生态环境,应加强保护与修复,保障水资源可持续利用。

(二)系统治理的具体举措

建设项目水资源论证只是人类诸多经济活动中很小的一部分和其中的一个环节,但即便如此也可以为系统治理做出贡献。

1. 优化项目区平面布置方案

对于项目区平面布置方案,可以从减少硬化面积、促进雨水入渗等角度提出优化建议。在一些项目区,由于硬化面积的大幅增加,降雨入渗途径被截断,造成地表径流明显增多而入渗水量相应减少,既不利于下游地区防洪排涝也不利于地下水补给。努力改善项目区降雨入渗条件是贯彻落实系统治理思路的重要措施。

2. 强化污废水的防渗及处理

项目区生活、生产过程中产生污废水在所难免,为降低这些污废水外排渗漏对自然界的影响,就要做好输送管道、贮蓄池、燃料场、灰场、渣场等的防渗;同时,要加强污废水的集中处理和达标排放。而排放的污染物总量和浓度,应当控制在水功能区纳污能力范围以内。

3.加强水源地保护

对取水水源地应加强保护,提出相关的措施建议。一是对于取水口型式和位置的选择作出科学分析,避免对水源地水生态安全造成不利影响;二是对水源地现存的不利影响因素,应加以系统识别,发挥"早发现、早预警、早治理"的作用;三是对水源地未来时期需加强的保护对策措施,提出具体建议。

4.明确取退水影响生态补救措施

项目取退水影响应对方面,在对相关受影响的利益方给予经济补偿的基础上,还要对客观存在的生态影响进行科学评估,并提出相应的补救措施和管理建议。如取水对河道生态基流的影响、退水对水功能区纳污能力及生物多样性的影响等,均应得到重视。

四、权益平等

(一)权益平等的内涵

从国家法律的角度来说,权益是指公民受法律保护的权利和利益。《中华人民共和国水法》第六条指出:国家鼓励单位和个人依法开发、利用水资源,并保护其合法权益。所以,对于建设项目取水、用水、退水,只要是依法获得的权益,都应当得到保护。所谓均等,是指无论权益大小,只要合法均应得到保护,既不是先入为主也不是后来者居上,既不能"店大欺客"也不能"以小博大"。作为建设项目水资源论证的工作人员,应当建立"法律面前人人平等"的意识,公平公正地论述、分析和处理项目取退水可能引起的权益冲突。

(二)权益均等的具体举措

在建设项目水资源论证报告书中,可以通过具体的举措来体现权益均等的思想理念。

1.充分理解利益相关者的权益

应全面调查取水影响范围和退水影响范围内利益相关者的权益,无论利益相关者是集体还是个人,是集团还是个体,是知情还是不知情。评判权益是否应当确认的唯一依据是该权益的获得是否合法。对于合法的权益,应给予充分的理解。

2.科学评估项目取退水对利益相关者的影响

采用科学方法评估项目取退水对利益相关者的可能影响,是"权益均等"能否落实的关键环节。对影响的评估同时存在人为夸大和忽视的风险,具体工作人员应慎之又慎,以免给项目建成后的运行带来更多的风险。

3.公平公正提出取退水影响补偿方案

对于评估的取退水影响,应提出切实可行的补偿方案。此处所说的"可行"至少包含三个层面的意思:一是管理上可行,相关行政主管部门能够实现监督管理;二是技术上可行,有足够成熟的技术支撑补偿方案的实施;三是经济上可行,直接或间接的经济核算数额,能为补偿方和被补偿方同时接受。

五、责任共担

(一)责任共担的内涵

建设项目水资源论证,从建设业主单位提出技术委托,到编制单位完成论证报告书的编写,到相关管理和协作单位提供支撑条件,到评审专家完成技术评审,再到行政主管部门完成报告审批,经历了多个环节,并涉及不同的部门、单位和人员。这样,论证的每个环节、涉及的每个人都应当承担相应的责任,共同防御论证及其审批风险。

(二)责任共担的具体举措

落实责任共担,就要厘清各环节应当承担的责任,其中编制单位及编制人员的责任将在建设项目水资源论证报告书中得到最具体的反映。

1.审批部门的责任

县级以上水行政主管部门是建设项目水资源论证的审批机关,需按照有关法律法规的要求审批通过专家评审的水资源论证报告书。在此过程中,既要坚持"法无授权不可为"又要做到"法有授权必须为"。同时,还要对评审专家的权威性、评审过程的公正性负责,发挥行政监督和管理指导的作用。

2. 评审专家的责任

评审专家是接受具有审批权的水行政主管部门的委托,对建设项目水资源论证报告书进行技术审查、把关的人员。专家组的组长,应当熟悉水资源管理法律法规,掌握论证审查程序,了解区域水资源条件及其供需状况,清晰建设项目用水工艺。评审专家应当坚持"公开、公平、公正"的原则,从技术层面向论证报告书提出评审意见,并对评审意见的真实性、科学性、全面性负责。其中,专家组组长负主要责任,专家组成员负相应责任。

3. 建设业主的责任

项目建设业主单位,是水资源论证工作的发动者,也是水资源论证审批的受益者,还是水资源论证风险的最终承担者。对于业主来说,为了保障建设项目水资源论证工作的顺利进行,必须及时、全面地向编制单位和审批部门提供相关的资料和文件,并对其真实性负责。

4. 编制人员的责任

建设项目水资源论证报告书编制单位的相关技术人员,是整个水资源论证工作的主体,承担着基础资料审查、水文水资源数据收集、项目取用水合理性论证、取水水源论证、取退水影响论证等具体工作。为此,编制单位应当对报告书的整体质量负责,具体的技术人员对报告书技术数据的真实性、论证结论的可靠性负责。

5. 协作单位的责任

为了提高建设项目水资源论证报告书中相关论证结论的可靠性,需要相关的协作单位提供相应的支撑性文件,如供水协议、供汽协议、同意接受污废水协议等。此时,协作单位应对提供基础资料的真实性负责,同时还应与业主单位共同为出具文件的真实性负责。

第三章　一般工业项目水资源论证示例

本书以某甲级资质单位承担完成的《山东某公司临清热电厂"上大压小"新建项目水资源论证报告书》为例,就其主要章节加以介绍,以示一般工业项目水资源论证的过程,包括取用水合理性分析、水量平衡与用水量核定、再生水水源论证、引黄水源论证等。

第一节　项目简介

建设项目位于山东省聊城临清市,采用 2 台 350 MW 超临界抽凝式汽轮机、2 台超临界参数直流锅炉,发电机采用水氢氢冷却方式、自并励静止励磁系统,投产后具有发电、供热、供汽等多项功能。根据中华人民共和国水利部和国家发展计划委员会颁布的第 15 号令《建设项目水资源论证管理办法》要求,业主单位于 2009 年 12 月委托甲级资质单位开展项目水资源论证报告书的编制工作。2013 年 6 月,报告书通过了水利部海河水利委员会组织的专家技术评审。

经论证,建设项目年取水量为 1 046.11 万 m^3,其中生产用水量为 1 045.13万 m^3/a,采用碧水污水处理厂的再生水;生活用水量为 0.98 万 m^3/a,购用当地自来水公司公共管网水;生产备用水水源为通过城南水库调蓄的引黄水,备用水量为 130 万 m^3/a。机组抽汽主要满足所在区域城区集中供热及工业用汽。项目年退水量为 238.78 万 m^3,为生活污水和生产退水。厂区采用雨污分流制,其中厂区雨水经雨水收集管道后,排至厂外城市污水管网;生活污水,经生活污水处理系统处理后回用于厂区绿化系统;工业废水,经专设下水道及排水泵房,进入配套污水处理站,部分回用,剩余部分水质处理达到《污水排入城镇下水道水质标准》(CJ 343—2010)后,经管道排入中冶银河污水处理厂统一处理。

依据相关要求,项目论证确定分析范围为临清市;依据不同水源,确定水源论证范围为碧水污水处理厂污水管网现状及规划铺设区、位山闸引黄口—位山总干渠—位山三干渠—城南水库引水渠道、市自来水公司水厂。取水影响范围分别为碧水污水处理厂再生水其他用水户、位山三干渠控制的引黄灌区及市自来水公司其他用水户所在区域；退水范围为中冶银河污水处理厂。在论证时，以 2011 年为现状水平年 2015 年为规划水平年。

需要指出的是，按照《导则》要求，建设项目在采用再生水源时原则上不设备用水源，但因本项目报告书完成于 2013 年，按照当时的相关技术要求仍设有备用水源。本次备用水源论证仅作为书中引黄水源论证的范例。与此同时，考虑到相关资料和数据的保密性要求，本书在介绍时进行了必要的概括，但不会影响整体阅读，而重点则在于展示论证的过程。

第二节　项目取水合理性分析

从国家产业政策、区域经济发展需要、水资源管理要求等方面分析项目取水的合理性。

一、本项目为热电联产项目，符合国家产业政策

热电联产具有节约能源、改善环境、提高热质量、增加电力供应等综合效应。热电厂的建设是城市治理大气污染和提高能源利用率的重要措施，是集中供热的重要组成部分，是提高人民生活质量的公益性基础设施。改革开放以来，我国热电联产事业得到了迅速发展，对促进国民经济和社会发展起了重要作用。

论证的新建项目为热电联产项目，是节能、节水、环保型项目，符合国家电力产业发展政策和国家燃煤电站项目规划建设的要求；工程建设符合《国家发改委关于燃煤电站项目规划和建设有关要求的通知》（发改能源〔2004〕864 号）和《热电联产和煤矸石综合利用发电项目建设管理暂行规定》（发改能源〔2007〕141 号）的要求，也符合国家能源"十二五"规划的要求，是国家发改委〔2011〕9 号文发布的《产业结构调整指导目录（2011 年本）》中鼓励类电力第 3 条确定的国家鼓励发展和倡导的项目。该工程与国家相关产业政策相符性分析见表 3-1。

表 3-1 该工程与国家主要产业政策相符性分析

名称	政策要求	本工程情况	相符性
《国务院批转发展改革委员会、能源办关于加快关停小火电机组的若干意见的通知》（国发〔2007〕2号）	"抓住当前经济社会发展较快、电力供求矛盾缓解的有利时机，加快停关小机组火电，推进电力结构调整、促进电力工业健康发展"	工程为 2×300 MW 级热电联产机组，共计关停山东省 23.1 万 kW 机组容量	是
《国家改委关于燃煤电站项目规划和建设有关要求的通知》（发改能源〔2004〕864号）	在热负荷比较集中，或热负荷发展潜力较大的大中型城市，应根据电力和城市热力规划，结合交通运输和城市污水处理厂布局等因素，争取采用单机容量30万 kW 及以上的环保、高效发电机组，建设大型集中供热两用电站；电站布局上优先考虑"以大代小"项目；机组发电煤耗控制在 298 g标准煤/kWh 以下	工程为热电产项目，单机容量30万 kW 级，本工程为"上大压小"项目，工程设计发电标产耗为 234.8 g/kWh	是
国家能源"十二五"规划	在北方采暖城市以热负荷集中的工业园区，结合淘汰分散供热锅炉和小热电，建设热电联产或热电冷联供项目	项目所在区域为北方采暖城市，工程为热电产项目	是
发改能源〔2007〕141号	在严寒、寒冷地区（包括秦岭淮河以北、新疆、西藏）且具备集中供热条件的城市，应优先规划建设以采暖为主的热电产项目，取代以分散供热的锅炉，以改善环境质量，节约能耗	项目所在区域属严寒冷地区，且具备集中供热条件的城市，工程为以采暖为主的"上大压小"热电联产项目	是
《产业结构调整指导目录》（2011年版）	鼓励采用30万 kW 及以上集中供热机组的热电联产	工程为 2×300 MW 级热电联产机组	是

· 86 ·

二、增加区域供电量,符合区域可持续发展的需要

聊城电网位于山东电网与华北电网的联系和交界地带,位于山东电网的西部,供电范围为聊城市两区一市六县。向东通过 500 kV 聊长Ⅰ、Ⅱ线与山东省网相联,向西通过 500 kV 辛聊Ⅰ、Ⅱ线与华北电网联网。现已初步形成了以 500 kV 聊城站为中心,通过 500 kV 聊城站向周围辐射 220 kV 线路供电的辐射型电网结构。目前电网存在 220 kV 系统短路容量过大、与省网联系较弱、220 kV 电网结构不完善、转移负荷能力较差等主要问题。聊城市的电力和供热供需矛盾问题一定程度上制约了聊城市的经济发展。

根据《电力系统安全稳定导则》(DL 755—2001)的要求,为提高系统稳定运行水平,末端受电网内均应建设一定规模的支撑电源。聊城电网作为山东电网的末端受电网,"十二五"期间随着地区负荷的逐渐增长,其受电容量将逐年加大。在这种情况下,建设本项目将可以缓解聊城市缺电局面,增强山东西部末端电网的电源支撑,有利于提高聊城电网的安全稳定水平,对减轻聊城电网从主网的受电压力、缓解聊城电网长期以来存在的缺电局面有重要作用,有利于促进聊城地区经济的可持续发展。

三、为区域城区供热提供保障

项目所在区域城区现有应采暖面积总计 995 万 m^2。供热热源主要为小型公用和企业自备小型热电厂、地热采暖热源、分散小锅炉等,其中公用和企业自备小型热电厂集中供热面积为 259.1 万 m^2,分散小锅炉采暖供热面积为 16.2 万 m^2,地热采暖面积为 65 万 m^2。集中供热普及率仅为 26%,供热水平较低,分散供热比重较大,污染较严重。本项目供汽、供热对象主要是所在区域工业园区和城区集中供暖,近期规划工业热负荷最大为 851.5 t/h,规划集中供热面积为 934.9 万 m^2,规划采暖热负荷为 392.7 MW。本工程建成后,将解决工业园区新增企业的工业用汽和城区供热问题,并可逐步替代现有小型锅炉房,大大改善大气环境。

四、"以大代小"、"节能降耗",有利于环境保护

论证项目以"上大压小"的方式建设 2×350 MW 热电联产机组,相应关停小火电机组 23.1 万 kW,项目的实施为所在区域替代关停一批高耗低效、污染严重的燃煤小锅炉创造条件,符合国家《国务院关于加强节能工作的决定》和《关于加快关停小火电机组的若干意见》的政策和具体要求,有利于完善所在区域集中供热,实现节能减排战略,同步提高能源利用率和减轻环境污染,净化所在区域的环境空气质量,提高人民生活水平。

五、符合水资源规划、配置和管理的要求

项目所在区域的用水战略是"全面推行节约用水,提高用水效率;积极拦蓄地表水,合理开采地下水,充分利用黄河水,积极调引长江水"。并且目前再生水的使用不受山东省用水总量控制指标限制。本项目积极响应国家的号召,优先以污水处理厂的再生水为水源,恰到好处地实现了分质供水,提高了水资源的利用效率,降低了优质水消耗,节约了水资源,可为建设节水型社会作出示范,对改善区域供水结构具有重要意义,对缓解当地水资源的紧缺状况有一定作用,符合山东省对水资源规划、配置和管理的要求。

六、最严格水资源管理制度符合性分析

(一)用水总量控制符合性分析

根据"关于印发《山东省 2011～2015 年用水总量控制指标(暂行)》的通知"(鲁水资字〔2010〕9 号)、"十二五"期间临清市地表水(当地地表水及外调地表水)、地下水资源用水总量控制在 25 400 万 m³。2011 年临清市总供水量为 19 797 万 m³,其中当地地表水 813 万 m³、地下水 10 121 万 m³、跨流域调水 8 633 万 m³,详见表 3-2。

表 3-2　临清市现状供水量与"十二五"用水总量控制指标对照

（单位：万 m^3）

| 类别 | 当地地表水 | 地下水 | 外调水 | | 其他水源 | 总供水量 |
			引黄	引江		
2011 年供水量	813	10 121	8 633		230	19 797
"十二五"控制指标	1 200	11 400	9 100	3 700	—	25 400

由表 3-2 可知,临清市现状供水量与"十二五"用水总量控制指标相比,在不考虑非常规水资源量的情况下,仍有 5 833 万 m^3 的余量。拟建热电厂生产用水取用再生水,不受用水总量控制;生产备用水量取自城南水库,占用引黄指标 130 万 m^3,也在富余引黄指标范围之内。因此,项目取水符合最严格水资源管理制度"十二五"用水总量控制要求。

（二）用水效率控制符合性分析

临清市 2011～2015 年万元工业增加值取水量控制指标为18.44～18.22 m^3。本项目年供热量为 710.514 万 GJ/(年·台机组),年发电量为 1 750 GWh/(年·台机组),平均上网含税电价为 344.36 元/MWh,含税热价为 53.79 元/GJ,项目每年收益 1 281 697 万元。项目年用水量 1 046.11 万 m^3,则项目万元工业产值总取水量为 8.16 m^3。若不考虑再生水用水量 1 045.13 万 m^3/a,则本项目年占用淡水资源量为 130.98 万 m^3（包括备用水源 130 万 m^3、生活用水 0.98 万 m^3）,万元工业产值总取用淡水资源量仅为 1.02 m^3。可见,项目取水符合最严格水资源管理制度"十二五"用水效率控制要求。

（三）水功能区限制纳污控制符合性分析

项目产生的污水不直接排入附近河流,而是进入中冶银河污水处理厂,处理后经临清市总退水口进入卫运河人工湿地,进一步净化后进入卫运河。按照水功能区划,退水区内有 1 个一级水功能区,为卫运河鲁冀缓冲区,水质目标为Ⅲ类,水功能区限制纳污控制指标 COD 为 5 887.8 t/a、氨氮为 183.48 t/a。

本项目从临清市碧水污水处理厂取用再生水 1 045.13 万 m^3/a,减少了碧水污水处理厂的排水量;生产退水 238.78 万 m^3/a 外排至中冶银河污水处理厂,增加了中冶银河污水处理厂的排水量。但是临清市碧水污水处理厂和中冶银河污水处理厂共用一个排污口——临清市总退水口,并不因为项目排水新增排污口,因此本项目建成达产后年净减少污水排放量 806.35 万 m^3/a。

临清市碧水污水处理厂的出水达到《城镇污水处理厂污染物排放标准》(GB 18918—2002)一级 A 排放标准,中冶银河污水处理厂的出水水质达到一级 B 排放标准。因此,本项目建成达产后年减少外排卫运河 COD 达 379.297 t、氨氮 33.15 t。

综上所述,从用水总量、用水效率、水功能区限制纳污三个方面,本项目的取用水均符合山东省实施最严格水资源管理制度的要求。

七、生产工艺先进性分析

(一)冷却水系统

项目循环供水系统采用带逆流式双曲线自然通风冷却塔的扩大单元制循环供水系统,主要原因如下:

本项目所在区域属于大陆性半湿润季风气候区,具有四季分明、雨量充沛集中、光照充足、无霜期长的气候特点,不在《国家发改委关于燃煤电站项目规划和建设有关要求的通知》(发改能源〔2004〕864 号)要求的必须采取空冷冷却的地区之列。按照常规,一般要求三北地区建设电厂时选用空冷系统,因为空冷电厂在温度较低的情况下用电较少,同时温度降低发电量有所增加,而项目所在区域位于山东,属于华东地区,昼夜温差较三北地区小很多,因此也不利于采用空冷系统。

根据《火力发电厂水工设计规范》(DL/T 5339—2006),空冷电厂较湿冷电厂总投资增加 5% ~ 10%,本工程湿冷总投资约为 28 亿元,初步估算如果按空冷设计总投资约为 31 亿元。年运行费用主要差异在煤耗和水耗,空冷电厂煤耗一般为 300 kg/MWh,而本工程采用湿冷,煤耗为 264 kg/MWh,年耗煤量差为 13.86 万 t。由此,采用空冷将增加 3.0 亿元一次性投资,年耗煤费用增加 1.1 亿元。

空冷机组以多消耗一定量的燃煤而获得大幅度节水的效果,在富煤缺水地区,火电厂选用空冷系统不失为一个好的方案。而项目所在区域,碧水污水处理厂目前处理能力已达 6 万 m^3/d,再生水资源充足且没有用户,采用湿冷机组的经济性及产生的社会效益明显优于空冷机组。

与此同时,工程建设把节水减污放在突出位置,采用技术上先进成熟、经济上可行的节水技术和经验,提高水的充分利用率,达到了生产全过程节水、减污、清洁生产的目的。本工程建设符合《中国节水技术政策大纲》《国家发改委关于燃煤电站项目规划和建设有关要求的通知》(发改能源〔2004〕864 号)和《当前国家鼓励发展的节水设备(产品)》的要求。本工程与国家主要水资源管理要求相符性分析见表3-3。

表3-3　本工程建设与水资源管理要求符合情况

产业政策名称	政策要求	本工程情况	相符性
《中国城市节水2010 年技术进步发展规划》	循环水浓缩倍率 2010 年达到3 ~ 3.5	本工程浓缩倍率为 3.74	是
《国家发改委关于燃煤电站项目规划和建设有关要求的通知》发改能源〔2004〕864 号	在北方缺水地区,新建、扩建电厂禁止取用地下水,严格控制使用地表水,鼓励利用城市污水处理厂的再生水或其他废水	本工程项目采用城市再生水	是

因此,本项目主体工程采用湿冷冷却方式是合理的。

(二)脱硫工艺

根据《火力发电厂烟气脱硫设计技术规程》(DL/T 5196—2004)的规定"……大容量机组(200 MW 及以上)的电厂锅炉建设烟气脱硫装置时,宜优先选用石灰石 - 石膏湿法脱硫工艺……",本工程烟气脱硫系统拟采用石灰石 - 石膏湿法脱硫工艺,该工艺是目前国内 300 MW

以上的燃煤机组中应用最成熟的烟气脱硫工艺系统,吸收剂价廉易得,副产品石膏能够综合利用。

(三)煤水、灰水系统

根据可研报告,工程除灰渣系统采用灰渣分除、干灰(渣)干排、粗细分储方案。除渣系统拟采用风冷干式除渣方案;静电除尘器飞灰处理系统推荐采用正压浓相气力输送方式,省煤器飞灰采用稀相气力输送方式。本工程考虑灰渣全部综合利用,减少了灰渣对环境的污染。既有良好的环境效益,又有可观的经济效益和社会效益。

第三节　项目水量平衡与用水量核定

一、用水合理性分析的依据和标准

用水合理性分析根据《火力发电厂节水导则》(DL/T 783—2001)、《火力发电厂凝汽器选材导则》(DL/T 712—2000)、国电办 178 号文《火力发电厂节约用水若干意见》《火力发电厂水平衡导则》(DL/T 606.5—1996)等规范和文件中的有关条款,火力发电厂节约用水的整体水平一般采用机组(全厂)发电水耗率和机组(全厂)复用水率等指标进行分析论证。

(一)机组(全厂)发电水耗率

火力发电厂机组(全厂)发电水耗率(又称全厂装机水耗率)采用下式计算:

$$b_s = \frac{Q_{x,s}}{N} \tag{3-1}$$

式中: b_s 为机组(全厂)发电水耗率,$m^3/(s \cdot GW)$; $Q_{x,s}$ 为机组(全厂)新鲜水消耗量,即设计从水源总取水量,包括厂区和厂前区生产及生活正常消耗水量,不包括厂外生活区耗水量和临时及事故耗水量(如机组化学清洗、消防等耗水量), m^3/s; N 为机组(全厂)额定总发电装机容量,GW。

根据《火力发电厂节水导则》(DL/T 783—2001),对于单机容量≥300 MW的新建或扩建凝气式电厂,采用淡水循环供水系统,要求设计全厂发电水耗率不应该超过 0.80 m³/(s·GW)(上限值考核指标),并力求降至 0.6 m³/(s·GW)(下限值期望指标)。

（二）机组（全厂）复用水率

机组（全厂）复用水率采用下式计算:

$$\Phi_s = \frac{Q_{f,s}}{Q_{z,s}} \times 100\% = \frac{Q_{z,s} - Q_{x,s}}{Q_{z,s}} \times 100\% \qquad (3\text{-}2)$$

式中: Φ_s 为机组（全厂）复用水率(%); $Q_{x,s}$ 为机组（全厂）新鲜水消耗量,即设计从水源总取水量,包括厂区和厂前区生产及生活正常消耗水量,不包括厂外生活区耗水量和临时及事故耗水量(如机组化学清洗、消防等耗水量), m³/s; $Q_{f,s}$ 为机组（全厂）复用水量,包括正常情况下设计循环水量、串用水量和回收利用的水量(多次复用水量应重复计入), m³/s; $Q_{z,s}$ 为机组（全厂）总用水量,包括厂区和厂前区各系统正常生产及生活所使用的新鲜淡水与复用水量,不包括厂外生活区用水和临时及事故用水, m³/s。

根据《火力发电厂节水导则》(DL/T 783—2001),对于单机容量为 125 MW 及以上新建或扩建凝汽式电厂,要求机组（全厂）复用水率不宜低于95%;对于严重缺水地区,要求机组（全厂）复用水率不宜低于98%。

（三）辅机循环水复利用率

循环水复利用率采用下式计算:

$$P_r = \frac{Q_{x,x}}{Q_x} \times 100\% = \frac{Q_x - Q_{x,b}}{Q_x} \times 100\% \qquad (3\text{-}3)$$

式中: P_r 为辅机循环水复利用率; Q_x 为辅机循环系统总用水量,等于循环系统循环水量和实际耗水量之和; $Q_{x,x}$ 为循环系统循环水量; $Q_{x,b}$ 为循环系统循环实际耗水量。

（四）机组新水利用率

机组新水利用率采用下式计算:

$$k_f = \frac{Q_{x,s}}{Q_{x,z}} \times 100\% \qquad (3\text{-}4)$$

式中:k_f 为机组新水利用率;$Q_{x,z}$ 为机组取用新鲜水量;$Q_{x,s}$ 为机组实际耗水量。

(五)其他指标

1. 冷却塔蒸发损失率

冷却塔蒸发损失率采用下式计算:

$$k_1 = \frac{Q_{1,z}}{Q_1} \times 100\% \qquad (3-5)$$

式中:k_1 为冷却塔蒸发损失率;Q_1 为冷却塔总用水量;$Q_{1,z}$ 为冷却塔蒸发损失水量。

2. 冷却塔风吹损失率

冷却塔风吹损失率采用下式计算:

$$k_2 = \frac{Q_{1,f}}{Q_1} \times 100\% \qquad (3-6)$$

式中:k_2 为冷却塔风吹损失率;Q_1 为冷却塔总用水量;$Q_{1,f}$ 为冷却塔风吹损失水量。

3. 循环水浓缩倍率

循环水浓缩倍率采用下式计算:

$$k_3 = \frac{Q_{x,b}}{Q_{1,f} + Q_{x,p}} \qquad (3-7)$$

式中:k_3 为循环水浓缩倍率;$Q_{x,b}$ 为机组循环补充水量;$Q_{1,f}$ 为机组风吹损失水量;$Q_{x,p}$ 为机组循环系统排污水量。

(六)热电厂主要热经济指标

1. 热电比

热电厂既要向外供热,又要向电网供电,统计期内供热量与供电量所表征的热量之比就是热电比。根据《国家关于热电联产的有关规定》,热电比的计算公式为

$$热电比 = \frac{供热量}{供电量 \times 3\,600} \times 100\% \qquad (3-8)$$

2. 热电厂全厂热效率

热电厂全厂热效率即热电厂能源利用率,是热电厂产出的总热量

与生产投入全部热量的比率。计算公式为

$$热电厂全厂热效率 = \frac{供热量 + 供电量 \times 3\,600}{发电、供热用燃煤量 \times 燃煤低位发热量} \times 100\%$$
(3-9)

(七)企业内职工人均生活日用新水量

企业内职工人均生活日用新水量计算公式为

$$Q_生 = \frac{企业日生活取水量}{职工人数}$$
(3-10)

二、用水系统基本情况

(一)循环冷却水系统补给水

本期工程主机为 2×350 MW 超临界机组。汽机参数为 24.2 MPa/566 ℃/566 ℃、一次中间再热、抽凝式机组,锅炉参数、容量与其相匹配,采用循环水冷系统。循环供水系统采用带逆流式双曲线自然通风冷却塔的扩大单元制循环供水系统,即 1 台机组配 1 座冷却塔,两台机组在冷却塔区设 1 座循环水泵房。冷却水系统分为开式和闭式冷却水系统。开式冷却水系统设置 2 台 100% 的升压水泵。闭式循环冷却水系统设置 2 台 100% 容量的闭式循环冷却水泵和 2 台 65% 容量的板式闭式循环热交换器。

(二)锅炉补给水及工业抽汽与热网补水

工程配备 2×1 171 t/h 超临界煤粉炉,锅炉的主蒸汽和再热蒸汽的压力、温度、流量等要求与汽轮机的参数相匹配,锅炉的最大连续蒸发量(BMCR)与汽轮机的 VWO 工况相匹配。锅炉型式为:超临界参数直流锅炉、一次中间再热、单炉膛、半露天布置、平衡通风、全钢炉架、固态排渣。

采用两级供热可调整抽汽,一级抽汽的蒸汽参数为 1.25 MPa、358.2 ℃,用于工业用汽,额定抽汽量为 320 t/h,最大抽汽量为 350 t/h;二级抽汽的蒸汽参数为 0.40 MPa、265.7 ℃,用于采暖用汽,额定抽汽量为 200 t/h,最大抽汽量为 240 t/h。

锅炉补给水为深度处理后的碧水污水处理厂再生水,锅炉补给水处理系统采用超滤、反渗透装置加离子交换除盐系统。锅炉补给水处理工艺流程为:经澄清、过滤的再生水→双介质过滤器→超滤装置→反渗透装置→强酸阳离子交换器→强碱阴离子交换器→混合离子交换器。

本工程机组需要对外供应蒸汽,为节约用水,对 85 t/h 供热回水进行处理后进入凝汽器热井。根据供热回水量含铁量高的特点,设除铁过滤器处理该部分水。

(三)脱硫系统补给水

脱硫系统以循环排污水深度处理后的浓水、锅炉补给水处理系统高含盐排水作为水源。本工程烟气脱硫系统拟采用石灰石 – 石膏湿法脱硫工艺,是目前国内 300 MW 以上的燃煤机组中应用最成熟的烟气脱硫工艺系统,该工艺以石灰石作为脱硫吸收剂,石灰石经磨碎与水混合搅拌制成吸收浆液,多层喷嘴将浆液以雾状均匀地喷射于充有烟气的吸收塔中,烟气中的 SO_2 在吸收塔内被浆液洗涤并与浆液中的 $CaCO_3$ 发生反应,在吸收塔底部的循环浆池内被氧化风机鼓入的空气强制氧化而被脱去,最终生成稳定的石膏。该工艺主要由烟气系统、石灰石浆液制备系统、SO_2 吸收系统、石膏脱水系统、脱硫废水处理系统和工艺水系统组成。

(四)输煤水系统补给水

输煤系统冲洗、煤场喷洒、斗轮机水喷雾、除尘等用水以循环排污水深度处理后的浓水、锅炉补给水处理系统高含盐排水作为水源。煤场设置煤废水处理装置,煤废水经处理后回收用于输煤系统冲洗,重复利用。

(五)除灰渣系统及灰场喷洒补给水

本工程除灰渣系统采用灰渣分除方式,为综合利用创造条件。除灰系统采用正压浓相气力输送方案。锅炉布袋除尘器及省煤器(及脱硝)灰斗内的飞灰通过正压浓相气力输送系统,用压缩空气送往灰库。灰库库顶设有布袋除尘器,送灰的空气经布袋除尘器过滤后直接排向大气。设两座粗灰库、一座细灰库。在粗灰库库底设有三个排放口,一个排放口下装设干灰卸料装置,可供罐式汽车装运干灰至综合利用场所,另外两个排放口下设湿式搅拌机,可供自卸汽车装运调湿灰(含水率约25%)至综合利用场所或灰场。在细灰库底设有三个排放口,两个排放口下装设干灰卸料装置,另一个排放口下设湿式搅拌机。

除渣装置采用风冷干式排渣机,按一台锅炉为一个单元进行设计,每台锅炉的底部设置一台风冷式钢带排渣机,系统均为连续运行。锅炉热渣经过过滤渣斗,落在缓慢运转的风冷干式排渣机的输送钢带上。在钢带移动过程中,利用锅炉炉膛的负压,从干渣机的头部就地吸入自然空气,与钢带上的渣层进行热量交换,将含有大量热量的渣冷却成可以直接储存和运输的低温渣。干渣机头部伸在锅炉房外部,与碎渣机相连。冷却后的炉底渣进入碎渣机,破碎后进入渣仓,然后通过卸料机装车外运综合利用。被渣加热后的热空气直接进入炉膛,将渣从锅炉中带走的部分热量再带回炉膛中,回收了渣中的热量,提高了锅炉效率。

灰库干灰加湿用水由循环冷却水系统排污水供给。

(六)厂区生活用水

生活用水主要是厂区生产综合办公楼、生活综合楼、浴池及洗刷等生活服务设施用水。本工程生活用水采用城市自来水,直接由厂外市政自来水管网接入厂区生活水池。

(七)厂区消防用水

本期工程为一个独立的水消防系统。电厂采用的主要灭火手段是以水为主要灭火剂的室内、外消火栓和固定式灭火系统,消防时由固定的消防水泵供给所需的水量与水压。本期工程消防给水系统包括一座1 000 m^3 工业消防水池、一座800 m^3 工业消防水池,水池留有本期工程一次消防用水量,并有消防水不被挪用的措施、消防水泵和消防稳压设备、厂区消防水管网、室内外消火栓。在公用水泵房内安装两台消防水泵,一台运行、一台备用,备用泵由柴油机驱动,保证在全厂失电的事故情况下消防系统的正常运行。

三、可研设计各系统用水量及水量平衡图

本项目主要用水环节有循环冷却水、锅炉补给水、工业用水、生活用水等环节。根据可研报告,本工程春秋季用水量为1 702 m^3/h,其中

生产用水量为 1 699 m³/h,生活用水量为 3 m³/h;夏季用水量为 1 807 m³/h,其中生产用水量为 1 804 m³/h,生活用水量为 3 m³/h;冬季用水量为 1 525 m³/h,其中生产用水量为 1 522 m³/h,生活用水量为 3 m³/h。本工程生产取水按年利用时间 6 318 h 计算,其中春秋季、夏季、冬季分别为 1 278 h、2 160 h 和 2 880 h。生活取水按 365 d 计算。由此,确定本工程年净取水量为 1 047.76 万 m³,其中生产用水 1 045.13 万 m³,生活用水 2.63 万 m³。本工程生产用水水源为再生水、生活及消防用水水源来自市政供水管网。

各工况水量平衡见表3-4～表3-6及图3-1～图3-3。

四、可研设计用水水平分析

(一)机组设计发电水耗率(又称机组装机水耗率)

本工程机组春秋工况新鲜水损耗量为 1 142 m³/h(不含工业抽汽 560 m³/h),夏季工况新鲜水耗损量为 1 247 m³/h(不含工业抽汽 560 m³/h),冬季工况新鲜水损耗量为 885 m³/h(不含工业抽汽、采暖补水 640 m³/h),年均新鲜水损耗量为 1 061 m³/h(不含工业抽汽、采暖补水)。设计额定总发电装机容量为 0.70 GW,则设计发电水耗率为

$$b_{s春秋季} = \frac{Q_{x,s}}{N} = \frac{1\ 142}{0.70 \times 3\ 600} = 0.45(\text{m}^3/(\text{s} \cdot \text{GW}))$$

$$b_{s夏季} = \frac{Q_{x,s}}{N} = \frac{1\ 247}{0.70 \times 3\ 600} = 0.49(\text{m}^3/(\text{s} \cdot \text{GW}))$$

$$b_{s冬季} = \frac{Q_{x,s}}{N} = \frac{885}{0.70 \times 3\ 600} = 0.35(\text{m}^3/(\text{s} \cdot \text{GW}))$$

$$b_{s年均} = \frac{Q_{x,s}}{N} = \frac{1\ 061}{0.70 \times 3\ 600} = 0.42(\text{m}^3/(\text{s} \cdot \text{GW}))$$

根据《火力发电厂节水导则》(DL/T 783—2001),单机容量为 300 MW 及以上新建或扩建循环供水凝汽式电厂采用湿冷机组,发电耗水率指标为 0.6～0.8 m³/(s·GW),本工程机组设计春秋季工况发电耗水率指标为 0.45 m³/(s·GW)(扣除工业抽汽),夏季工况发电耗水率 0.49 m³/(s·GW)(扣除工业抽汽),冬季工况发电耗水率指标为 0.35

表3-4 可研设计工程春秋季工况水量平衡分析

（单位：m³/h）

用水类型	序号	用水单元	总用水量	新水量			重复利用水量			耗水量	串联排水量	排水量
				外购水	再生水	小计	循环冷却水量	串联回用水量	小计			
	1	再生水深度处理	1 699		1 699	1 699			0	9	1 690	
	2	循环冷却水系统	46 461				45 596	865	46 461	657	0	208
	2.1	凝汽器冷却水	40 596				40 596		40 596			
	2.2	辅机冷却水	5 000				5 000		5 000			
	2.3	冷却塔风吹损失	23					23	23	23		
	2.4	冷却塔蒸发损失	634					634	634	634		
	2.5	循环水排污	208					208	208			208
生产用水	3	锅炉补给水处理用水	1 595					1 595	1 595	492	1 103	0
	3.1	锅炉用水	577					577	577	492	85	
	3.2	工业废水处理	263					263	263		263	
	3.3	锅炉补给水处理用水	755					755	755		755	
	4	工业用水	728					728	728	205	395	128
	4.1	油区及油泵房用水	20					20	20		20	
	4.2	含油污水处理设施	20					20	20	2	18	
	4.3	清水池	291					291	291		163	128
	4.4	脱硫用工业用水	50					50	50		50	
	4.5	未预见用水	20					20	20	20		

用水类型	序号	用水单元	总用水量	新水量			重复利用水量			耗水量	串联排水量	排水量
				外购水	再生水	小计	循环冷却水量	串联回用水量	小计			
生产用水	4.6	除灰空压机用水	90					90	90		90	
	4.7	主厂房冲洗用水	10					10	10	10		
	4.8	脱硫用工艺用水	128					128	128	110	18	
	4.9	干灰场喷洒用水	25					25	25	25		
	4.10	干灰加湿用水	20					20	20	20		
	4.11	干渣加湿用水	3					3	3	3		
	4.12	煤场除尘用水	10					10	10	10		
	4.13	暖通空调用水	14					14	14		14	
	4.14	煤水处理设施	12					12	12	2	10	
	4.15	输煤系统冲洗用水	15					15	15	3	12	
生活用水	5	其他用水	7.8	3		3		4.8	4.8	3	4.8	
	5.1	生活用水	3	3		3				0.6	2.4	
	5.2	生活污水处理站	2.4					2.4	2.4		2.4	
	5.3	厂区绿化及除尘用水	2.4					2.4	2.4	2.4		
		小计	50 490.8	3	1 699	1 702	45 596	3 192.8	48 788.8	1 366	3 192.8	336

表3-5 可研设计工程夏季工况水量平衡分析

(单位:m³/h)

用水类型	序号	用水单元	总用水量	新水量			重复利用水量			耗水量	串联排水量	排水量
				外购水	再生水	小计	循环冷却水量	串联回用水量	小计			
	1	再生水深度处理	1 804		1 804	1 804			0	9	1 795	
生产用水	2	循环冷却水系统	53 730				52 760	970	53 730	738	0	232
	2.1	凝汽器冷却水	47 760				47 760		47 760			
	2.2	辅机冷却水	5 000				5 000		5 000			
	2.3	冷却塔风吹损失	26					26	26	26		
	2.4	冷却塔蒸发损失	712					712	712	712		
	2.5	循环水排污	232					232	232			232
	3	锅炉给水处理用水	1 595					1 595	1 595	492	1 103	0
	3.1	锅炉用水	577					577	577	492	85	
	3.2	工业废水处理	263					263	263		263	
	3.3	锅炉补给水处理用水	755					755	755		755	
	4	工业用水	728					728	728	205	395	128
	4.1	油区及油泵房用水	20					20	20		20	
	4.2	含油废水处理设施	20					20	20	2	18	
	4.3	清水池	291					291	291		163	128
	4.4	脱硫用工业用水	50					50	50		50	
	4.5	未预见用水	20					20	20	20		

用水类型	序号	用水单元	总用水量	新水量			重复利用水量			耗水量	串联排水量	排水量
				外购水	再生水	小计	循环冷却水量	串联回用水量	小计			
生产用水	4.6	除灰空压机用水	90					90	90		90	
	4.7	主厂房冲洗用水	10					10	10	10		
	4.8	脱硫用工艺用水	128					128	128	110	18	
	4.9	干灰场喷洒用水	25					25	25	25		
	4.10	干灰加湿用水	20					20	20	20		
	4.11	干渣加湿用水	3					3	3	3		
	4.12	煤场除尘用水	10					10	10	10		
	4.13	暖通空调用水	14					14	14		14	
	4.14	煤水处理设施	12					12	12	2	10	
	4.15	输煤系统冲洗用水	15					15	15	3	12	
生活用水	5	其他用水	7.8	3		3		4.8	4.8	3	4.8	
	5.1	生活用水	3	3		3						
	5.2	生活污水处理站	2.4					2.4	2.4	0.6	2.4	
	5.3	厂区绿化及除尘用水	2.4					2.4	2.4	2.4		
		小计	57 864.8	3	1 804	1 807	52 760	3 297.8	56 057.8	1 447	3 297.8	360

（单位：m³/h）

表3-6 可研设计工程冬季工况水量平衡分析

用水类型	序号	用水单元	总用水量	新水量			重复利用水量				串联排水量	排水量
				外购水	再生水	小计	循环冷却水量	串联回用水量	小计	耗水量		
	1	再生水深度处理	1 522		1 522	1 522			0	9	1 513	
	2	循环冷却水系统	19 319				18 896	423	19 319	318	0	105
	2.1	凝汽器冷却水	13 896				13 896		13 896			
	2.2	辅机冷却水	5 000				5 000		5 000			
	2.3	冷却塔风吹损失	9					9	9	9	9	
	2.4	冷却塔蒸发损失	309					309	309	309		
	2.5	循环水排污	105					105	105		1 454	105
生产用水	3	锅炉补给水处理用水	2 125					2 125	2 125	671	1 454	0
	3.1	锅炉用水	756					756	756	671	85	
	3.2	工业废水处理	349					349	349		349	
	3.3	锅炉补给水处理用水	1 020					1 020	1 020		1 020	
	4	工业用水	814					814	814	205	395	214
	4.1	油区及油泵房用水	20					20	20		20	
	4.2	含油废水处理设施	20					20	20	2	18	
	4.3	清水池	377					377	377		163	214
	4.4	脱硫用工业用水	50					50	50		50	
	4.5	未预见用水	20					20	20	20		

续表 3-6

用水类型	序号	用水单元	总用水量	新水量			重复利用水量			耗水量	串联排水量	排水量
				外购水	再生水	小计	循环冷却水量	串联回用水量	小计			
生产用水	4.6	除灰空压机用水	90				90		90		90	
	4.7	主厂房冲洗用水	10					10	10	10		
	4.8	脱硫用工艺用水	128					128	128	110	18	
	4.9	干灰场喷洒用水	25					25	25	25		
	4.10	干灰加湿用水	20					20	20	20		
	4.11	干渣加湿用水	3					3	3	3		
	4.12	煤场除尘用水	10					10	10	10		
	4.13	暖通空调用水	14					14	14		14	
	4.14	煤水处理设施	12					12	12	2	10	
	4.15	输煤系统冲洗用水	15					15	15	3	12	
生活用水	5	其他用水	7.8	3		3		4.8	4.8	3	4.8	
	5.1	生活用水	3	3		3						
	5.2	生活污水处理站	2.4					2.4	2.4	0.6	2.4	
	5.3	厂区绿化及除尘用水	2.4					2.4	2.4	2.4	2.4	
		小计	23 787.8	3	1 522	1 525	18 896	3 366.8	22 262.8	1 206	3 366.8	319

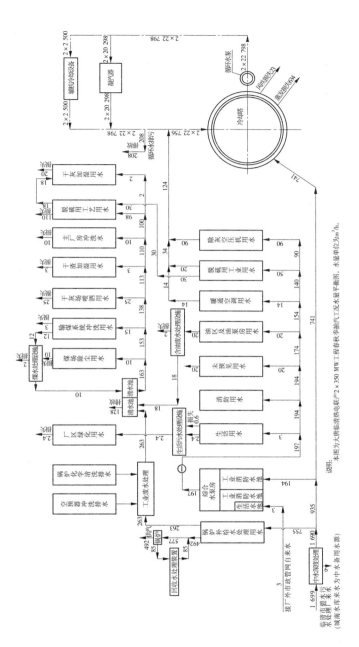

图 3-1 可研设计工程春秋季工况水量平衡图

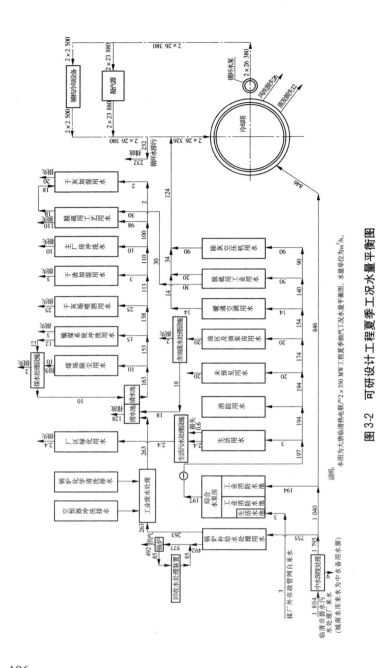

图 3-2 可研设计工程夏季工况水量平衡图

说明：本图为大唐临清清热电联产2×350 MW工程夏季抽汽工况水量平衡图，水量单位为m³/h。

临清市碧水污水处理厂来水为中水备用水源）
（城南水库来水为中水备用水源）

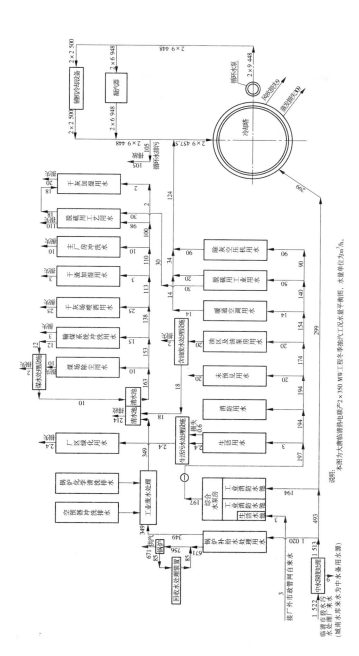

图 3-3 可研设计工程冬季工况水量平衡图

说明：本图为大唐临清热电联产2×350 MW工程冬季抽汽工况水量平衡图，水量单位为m³/h。

$m^3/(s \cdot GW)$（扣除工业抽汽、采暖补水），年均发电耗水率指标为 $0.42\ m^3/(s \cdot GW)$，均符合导则要求。

（二）机组（全厂）复用水率

本工程机组春秋季工况总用水量为 $50\ 490.8\ m^3/h$，复用水量为 $48\ 788.8\ m^3/h$；夏季工况总用水量 $57\ 864.8\ m^3/h$，复用水量为 $56\ 057.8\ m^3/h$；冬季工况总用水量为 $23\ 787.8\ m^3/h$，复用水量为 $22\ 262.8\ m^3/h$；年均总用水量为 $40\ 839.5\ m^3/h$，复用水量为 $39\ 182.3\ m^3/h$。则设计机组复用水率为

$$\Phi_{s春秋季} = \frac{Q_{f,s}}{Z_{f,s}} \times 100\% = \frac{48\ 788.8}{50\ 490.8} \times 100\% = 96.63\%$$

$$\Phi_{s夏季} = \frac{Q_{f,s}}{Z_{f,s}} \times 100\% = \frac{56\ 057.8}{57\ 864.8} \times 100\% = 96.88\%$$

$$\Phi_{s冬季} = \frac{Q_{f,s}}{Z_{f,s}} \times 100\% = \frac{22\ 262.8}{23\ 787.8} \times 100\% = 93.59\%$$

$$\Phi_{s年均} = \frac{Q_{f,s}}{Z_{f,s}} \times 100\% = \frac{39\ 182.3}{40\ 839.5} \times 100\% = 95.94\%$$

经计算，本工程全厂年均复用水率为95.94%，与《火力发电厂节水导则》（DL/T 783—2001）规定的单机容量为 300 MW 及以上扩建凝汽式电厂复用水率不宜低于95%的指标相比，符合要求。

（三）循环水利用率

本工程机组设计春秋工况循环系统总用水量为 $46\ 461\ m^3/h$，循环系统循环水量为 $45\ 596\ m^3/h$；夏季工况循环系统总用水量为 $53\ 730\ m^3/h$，循环系统循环水量为 $52\ 760\ m^3/h$；冬季工况循环系统总用水量为 $19\ 319\ m^3/h$，循环系统循环水量为 $18\ 896\ m^3/h$；年均循环系统总用水量为 $36\ 573.7\ m^3/h$，循环系统循环水量为 $35\ 874.3\ m^3/h$。循环水利用率为

$$P_{r春秋季} = \frac{Q_1}{Q} \times 100\% = \frac{45\ 596}{46\ 461} \times 100\% = 98.14\%$$

$$P_{r夏季} = \frac{Q_1}{Q} \times 100\% = \frac{52\ 760}{53\ 730} \times 100\% = 98.19\%$$

$$P_{r冬季} = \frac{Q_1}{Q} \times 100\% = \frac{18\ 896}{19\ 319} \times 100\% = 97.81\%$$

$$P_{r年均} = \frac{Q_1}{Q} \times 100\% = \frac{35\ 874.3}{36\ 573.7} \times 100\% = 98.09\%$$

本工程设计冷却系统循环水利用率春秋季为 98.14%、夏季为 98.19%、冬季为 97.81%、年均为 98.09%,符合我国一类城市冷却水循环水利用率达到 95% ~97% 的指标要求。

(四)机组新水利用率

本工程机组设计春秋季工况耗水量为 1 366 m³/h,取用新鲜水量为 1 702 m³/h;夏季工况耗水量为 1 447 m³/h,取用新鲜水量为 1 807 m³/h;冬季工况耗水量为 1 206 m³/h,取用新鲜水量为 1 525 m³/h;年均耗水量为 1 321 m³/h,取用新鲜水量为 1 657 m³/h。则机组新水利用率为

$$k_{f春秋季} = \frac{1\ 366}{1\ 702} \times 100\% = 80.26\%$$

$$k_{f夏季} = \frac{1\ 447}{1\ 807} \times 100\% = 80.08\%$$

$$k_{f冬季} = \frac{1\ 206}{1\ 525} \times 100\% = 79.08\%$$

$$k_{f年均} = \frac{1\ 321}{1\ 657} \times 100\% = 79.72\%$$

本工程机组新水利用率春秋季、夏季、冬季、年均分别为 80.26%、80.08%、79.08%、79.72%,存在一定量排水。

(五)其他指标

本工程机组设计春秋季工况循环水补充水量为 865 m³/h,风吹损失量为 23 m³/h,蒸发损失量为 634 m³/h,循环系统排污量为 208 m³/h,冷却塔总用水量为 46 461 m³/h;夏季工况循环水补充水量为 970 m³/h,风吹损失量为 26 m³/h,蒸发损失量为 712 m³/h,循环系统排污量为 232 m³/h,冷却塔总用水量为 53 730 m³/h;冬季工况循环水补充水量为 423 m³/h,风吹损失量为 9 m³/h,蒸发损失量为 309 m³/h,循环系统排污量为 105 m³/h,冷却塔总用水量为 19 319 m³/h;

年均循环水补充水量为 699 m³/h,风吹损失量为 18 m³/h,蒸发损失量为 513 m³/h,循环系统排污量为 169 m³/h,冷却塔总用水量为 36 574 m³/h。

1. 冷却塔蒸发损失率

$$k_{1春秋季} = \frac{634}{46\ 461} \times 100\% = 1.36\%$$

$$k_{1夏季} = \frac{712}{53\ 730} \times 100\% = 1.33\%$$

$$k_{1冬季} = \frac{309}{19\ 319} \times 100\% = 1.60\%$$

$$k_{1年均} = \frac{513}{36\ 574} \times 100\% = 1.40\%$$

本工程设计冷却塔蒸发损失率春秋季、夏季、冬季、年均分别为 1.36%、1.33%、1.60%、1.40%,达到二次循环冷却塔 1.2% ~ 1.6% 的要求。

2. 冷却塔风吹损失率

$$k_{2春秋季} = \frac{23}{46\ 461} \times 100\% = 0.05\%$$

$$k_{2夏季} = \frac{26}{53\ 730} \times 100\% = 0.05\%$$

$$k_{2冬季} = \frac{9}{19\ 319} \times 100\% = 0.05\%$$

$$k_{2年均} = \frac{18}{36\ 574} \times 100\% = 0.05\%$$

本工程设计冷却塔蒸发损失率均为 0.05%,低于有除水器的风吹损失率 0.2% 的规定要求,达到好的除水器风吹损失率 0.1% 的标准。

3. 辅机循环水浓缩倍率

$$k_{3春秋季} = \frac{865}{23 + 208} = 3.74$$

$$k_{3夏季} = \frac{970}{26 + 232} = 3.76$$

$$k_{3冬季} = \frac{423}{9 + 105} = 3.71$$

$$k_{3年均} = \frac{699}{18 + 169} = 3.74$$

本工程机组设计循环水浓缩倍率春秋季、夏季、冬季、年均分别为 3.74、3.76、3.71、3.74,符合《火力发电厂节水导则》(DL/T 783—2001)中所规定的循环水浓缩倍率一般控制在 3~5 倍的指标要求。

(六)主要热经济指标

1. 热电比

本工程年供热量为 2×7 358 666.292 GJ,发电量为 2×17.5 亿 kWh,厂用电率为 7.5%,计算出年供电量为 2×1.62×10⁹ kWh。本期热电联产机组热电比为

$$热电比 = \frac{2 \times 0.735\ 866\ 629\ 2 \times 10^{13}}{2 \times 1.62 \times 10^9 \times 3\ 600} \times 100\% = 126.18\%$$

2. 全厂总热效率

本工程年供热量为 2×7 358 666.292 GJ,年供电量为 2×1.62×10⁹ kWh,供电、供热年燃煤量为 197.54 万 t,本工程燃煤按低位发热量 20 770 kJ/kg 计,热电厂全厂总热效率为

$$热效率 = \frac{2 \times 0.735\ 866\ 629\ 2 \times 10^{13} + 2 \times 1.62 \times 0.36 \times 10^{13}}{197.54 \times 10^4 \times 10^3 \times 20\ 770} \times 100\%$$

$$= 64.3\%$$

本工程热电联产机组热电比为 126.18%,全厂总热效率为 64.3%,优于《关于发展热电联产的规定》(计基础〔2000〕1268 号)及《热电联产和煤矸石综合利用发电项目建设管理暂行规定》(发改能源〔2007〕141 号文)规定的热电联产总热效率年平均大于 45%。单机容量为 200 MW 以上的供热机组采暖期热电比应大于 50% 的要求。

(七)企业内职工人均生活日用新水量

本工程可研设计生活用水量为 3 m³/h,职工 223 人,生活用水按每年 365 d、每天 24 h 计,则企业内职工人均生活日用新水量为

$$Q_生 = \frac{企业日生活取水量}{职工人数} = \frac{3 \times 1\ 000 \times 24}{223} = 323(L/(人 \cdot d))$$

本工程人均用水量为 323 L/(人·d),超出《城市居民生活用水量标准》(GB/T 50331—2002)规定的山东省地区城镇居民生活用水定额 85~140 L/(人·d)的标准。

(八)单位产品取水量

本项目属于热电联产项目,用水分为 3 部分,即发电机组用水、工业抽汽用水以及采暖抽汽用水。发电量、抽汽量与供水量的关系见表 3-7。

表 3-7　发电量、抽汽量与供水量的关系

项目	数量指标
发电量(亿 kWh)	35
工业抽汽量(t/a)	3 768 480
采暖供热量(GJ/a)	14 717 332.58
发电用水量(m³/a)	6 709 122
工业抽汽用水量(m³/a)	3 538 080
采暖抽汽用水量(m³/a)	230 400
总用水量(m³/a)	10 477 602
单位发电取水量(m³/万 kWh)	19.17
单位工业抽汽取水量(m³/t)	0.94
单位采暖抽汽取水量(m³/GJ)	0.02

根据《取水定额　第 1 部分:火力发电》(GB/T 18916.1—2002),≥30 万 kW 机组取水定额为 38.4 m³/万 kWh;根据《山东省重点工业产品取水定额》(DB 37/1639—2010),火力发电规模 ≥30 万 kW 机组供电、供汽、供热用水定额分别为 25 m³/万 kWh、2.2 m³/t 和 0.4 m³/GJ。本项目各时期发电的单位产品取水量低于此规定,可见本项目在同类项目中用水水平较高,用水定额较低。

可研设计本工程主要用水指标与相关标准相符性分析见表3-8。

表3-8　可研设计本工程主要用水指标与相关标准相符性分析

序号	指标	类别	原设计	标准	备注
1	机组发电耗水率 $m^3/(s \cdot GW)$	全年	0.42	0.6~0.8	优于标准
2	机组复用水率(%)	全年	95.94	>95	符合标准
3	循环水利用率(%)	全年	98.09	95~97	优于标准
4	冷却塔蒸发损失率(%)	全年	1.40	1.2~1.6	符合标准
5	冷却塔风吹损失率(%)	全年	0.05	≤0.2	优于标准
6	循环水浓缩倍率	全年	3.74	3~5	符合标准
7	热电比(%)	全年	126.18	>50	优于标准
8	全厂总热效率(%)	全年	64.3	>45	优于标准
9	人均用水量(L/(人·d))	全年	323	85~140	偏高
10	单位发电取水量(m^3/万 kWh)	全年	19.17	25	优于标准
	单位工业抽汽取水量(m^3/t)	全年	0.94	2.2	优于标准
	单位采暖抽汽取水量(m^3/GJ)	全年	0.02	0.4	优于标准

五、主要用水系统用水合理性分析

(一)生产用水系统用水分析

1.冷却水系统用水分析

根据《国家发改委关于燃煤电站项目规划和建设有关要求的通知》(发改能源〔2004〕864号),"在北方缺水地区,原则上应建设大型空冷机组……"。本项目所在区域不属于该通知中所指年降雨量低于400 mm的北方缺水地区,且本项目生产用水全部采用城市再生水,因而主体工程采用湿冷冷却方式符合政策要求。编制单位在接受业主委托时,也就项目年取水量较大,能否考虑采用空冷机组的问题与主设单位进行沟通,回复认为项目所在区域不宜采用空冷机组。

根据可研报告,冷却塔系统采用带机力通风冷却塔的二次循环供水系统,冷却塔蒸发损失率春秋季为1.36%、冬季采暖期为1.60%、夏季为1.33%,符合《火力发电厂节水导则》(DL/T 783—2001)中规定的冷却塔蒸发损失率达到1.2%～1.6%的要求,用水合理。

冷却塔风吹损失率各季均为0.05%,低于有除水器的风吹损失率0.2%的规定要求,达到好的除水器风吹损失率0.1%的标准,用水合理。

循环水浓缩倍率春秋季为3.74,夏季为3.76,冬季为3.71,符合《火力发电厂节水导则》(DL/T 783—2001)中所规定的循环水浓缩倍率一般控制在3～5倍的指标要求。

2. 脱硫系统用水分析

脱硫用水与脱硫工艺、用煤量及煤质有关,根据可研报告,本工程设计煤种含硫量为0.79%,耗煤量为313.2 t/h(197.54万 t/a),石灰石碳酸钙含量≥91%,石灰石消耗量为7.4 t/h,石灰石磨制后形成石灰石浆液固体物浓度不小于10%,本论证取10%核算,用水量为67.4 m^3/h,较可研设计减少60.6 m^3/h,且与山东地区同类型机组相比,脱硫用水量67.4 m^3/h比较合理。

脱硫系统工业用水量为50 m^3/h,脱硫系统工艺用水量为128 m^3/h,主要用于石膏制浆,设两个工艺水箱分别接收电厂供水系统提供的工业水和辅机冷却水排水两路水源,脱硫系统耗水量为110 m^3/h,排水量为18 m^3/h,排出后回用于干灰加湿用水。综合考虑用煤量、燃煤含硫量,并与西北同规模电厂比较,论证认为设计脱硫系统用水量偏大。

3. 脱硝系统用水分析

可研报告未设计脱硝系统用水量,不满足我国环保相关要求。经与设计单位充分沟通,拟采用选择性催化还原法(SCR)烟气脱硝工艺,该工艺是以液氨作为还原剂,将锅炉烟气中的氮氧化物(NO_x)还原成氮气和水,以达到脱除烟气中氮氧化物(NO_x)的目的。

还原剂贮存制备系统氨气蒸发用加热蒸汽由辅汽系统供应,蒸汽的参数为:压力0.8～1.0 MPa、温度200～300 ℃。另外,液氨贮存、制备、供应系统四周安装有工业水喷淋管线及喷嘴,当贮罐罐体温度过高时启动自动淋水装置,对罐体自动喷淋降温;当有微量氨气泄漏时也可启动自动淋水装置,对氨气进行吸收,控制氨气污染。烟气脱硝用工艺水水源为深度处理后城市再生水,共计耗水 6 m^3/h。

4. 煤水、灰水系统用水分析

根据可研报告,本工程本期建设一座斗轮机条形封闭煤场 2.8 hm^2。煤场四周设有喷水装置,煤场喷洒耗水 10 m^3/h,耗水量基本合理。

根据可研报告,本工程产灰量为 67.46 t/h,产渣量为 7.53 t/h。干灰加湿用水为 20 m^3/h,干渣加湿用水 3 m^3/h。经计算,灰渣调湿后含水量为 22.87%,灰渣含水量为 20% ~ 25%。论证认为,灰渣调湿用水合理。

在风的作用下,当灰场内灰渣含水量较低时,极易引起飞灰,此时应进行洒水降尘,以保持灰渣表层具有一定含水量,防止飞灰污染。洒水机具采用洒水汽车。对于局部无法喷洒又暂时无法覆盖的地段,可向灰渣表面喷洒固结剂,防止飞灰。为防止灰尘污染运灰道路,在灰场出口设置冲洗车辆设备,及时冲洗运灰车量。运灰道路应定时洒水,定期清扫,保证路面清洁。灰场喷洒用水量为 25 m^3/h,论证认为,可研设计灰场喷洒耗水基本合理。

5. 绿化用水系统分析

根据可研报告,本工程厂区绿化用地面积为 5.37 hm^2。参照《山东省水资源综合规划》(2006),山东省城市绿化用水定额为 2 800 $m^3/(hm^2 \cdot a)$,冬季工况无绿化用水,则绿化用水量为 4.61 m^3/h。本论证认为主体设计绿化用水量偏小。

（二）生活用水系统分析

本工程人均用水量为 323 L/(人·d),超出《城市居民生活用水量标准》(GB/T 50331—2002)规定的山东省地区城镇居民生活用水定额 85 ~ 140 L/(人·d)的标准,设计用水量偏大。

（三）未预见用水

可研报告设计未预见用水量为 20 m^3/h,占冬季耗水量的 1.66%、春秋季耗水量的 1.46%、夏季耗水量的 1.38%,一般未预见水量为总耗水量的 5% 左右,未预见水量合理。

综合以上分析,本工程不合理的用水系统见表3-9。

表 3-9 　本工程不合理的用水系统

序号	系统	项目	备注
1	厂区生活用水系统	厂区生活用水量	偏大
2	生产用水系统	锅炉补给水处理系统排污水	偏大
3	生产用水系统	脱硝用水	可研未考虑
4	生产用水系统	脱硫系统用水	偏大
5	生产用水系统	绿化用水	偏小

六、节水措施与节水潜力分析

(一)节水措施的合理性分析

通过上述分析,本工程各类用水指标基本达到了节水要求,根据电厂各排水点的水量及水质和环保要求,合理确定各排水系统及污水处理方案;通过研究电厂供水排水的水量平衡及水的重复使用和节约用水措施,合理利用水资源,保护环境,本工程主要采用了以下节水措施:

(1)凝汽器的冷却水采用带冷却塔的循环供水系统,做到了循环水的重复利用。

(2)冷却塔内加装除水器,使冷却塔的风吹损失仅为 0.05% ,可大大减少循环水风吹损失。

(3)循环水处理采用加酸、加稳定剂的处理方式,循环水排污量小,节约大量用水。

(4)暖通空调用水、除灰空压房冷却用水、部分脱硫工业用水、锅炉辅机冷却水等使用后回收到循环水系统,可节约用水量约124 m^3/h;工业抽汽部分回收,可节约锅炉补给水处理系统补水量约 85 m^3/h,最大程度地降低了耗水量。

(5)锅炉补给水处理浓水和工业废水处理站废水经处理后进行回收重复利用,作为输煤系统冲洗降尘、干灰喷洒、干渣调湿、主厂房冲洗等用水。

(6)本工程采用气力除灰、干灰贮存系统,除渣采用风冷式干渣机,该方案不需要冷渣、冲渣及轴封用水,节水效果明显。干灰加湿采用脱硫废水以及处理后的回用水。

（7）脱硫系统工艺用水采用循环水排污水，从而减少了原水的耗水量。

（8）提高水的重复利用率，采用循序供水方式。根据各用水点对水质的要求，将用水水质要求高的用水系统的排水作为对水质要求低的用水系统的给水，做到一水多用。全厂各类废水处理后综合利用：生活污水、含煤含油废水、锅炉补给水的废水经工业废水处理系统深度处理后，作为厂区除尘绿化用水、除灰系统、脱硫系统、煤场喷洒，灰场喷洒等。

（9）冷却塔水池水面标高为－0.30 m，将溢流口标高抬升至－0.20 m，另外，在冷却塔补水管设置定水位水力控制阀，当水池水位为－0.20 m时，该阀立即关闭。尽量避免循环水溢流，以节约用水。

（10）在需要控制水量和水质的各用水系统，装设必要的计量和监测装置，保障电厂贯彻水务管理，正确落实各项节水措施。

（11）工业消防水池补水管设置定水位水力控制阀，以节约用水。

（二）节水潜力分析

根据主要用水系统用水的合理性分析成果，本项目在生活用水、循环水排污水、锅炉补给水处理系统排污水、绿化用水等几个用水环节有一定节水潜力。

（1）《城市居民生活用水量标准》（GB/T 50331—2002）规定的山东省地区城镇居民生活用水定额85～140 L/（人·d）的标准，本次论证将用水定额定为120 L/（人·d）。本工程劳动定员为223人，则生活用水量核定为1.12 m³/h。

（2）绿化用水量冬季工况不考虑，夏季和春秋季工况用水量核定为4.61 m³/h。

（3）脱硝用水量核定为6 m³/h。

（4）脱硫工艺用水量类比山东省地区同类型、同规模的机组，核定用水量为67.4 m³/h，其中耗水量为60.9 m³/h，回用于其他系统水量6.5 m³/h。

另外，本工程机组新水利用率春秋季、夏季、冬季分别为80.26%、80.08%、79.08%，相应排水率均在20%左右。究其原因，一是项目为供热、供汽电厂,尤其是工业抽汽量较大,导致锅炉排水量较大;二是原水采用再生水,受水质影响较大,项目循环倍率达到 3.7 之后再难以进一步提高。经与国内类似电厂对比,排水率绝大多数在 10% ~ 40% 范围内,本项目属中等水平,基本是合理的。

综上,用水核定前、后各系统水量对比见表 3-10。

表 3-10   用水合理性分析前、后水量对比   (单位:m³/h)

序号	项目	水源	核定前	核定后	增减量
1	生活用水	自来水	3	1.12	-1.88
2	脱硝用水量	再生水	0	6	+6
3	绿化用水量	再生水	2.4	4.61	+2.21
4	脱硫系统用水	再生水	128	67.4	-60.6

七、建设项目合理取用水量

根据前述的对建设项目的各生产工艺和用水环节、节水措施与节水潜力、项目取用水量与最严格水资源管理制度符合性分析,生产取水按年利用小时数 6 318 h 计算,冬季、春秋季、夏季分别为 2 880 h、1 278 h、2 160 h;生活取水为厂内 223 名职工日常生活用水。核定后,本项目合理取用水量为 1 046.11 万 m³/a,其中生产取水量为 1 045.13 万 m³/a,生活取水量 0.98 万 m³/a。

与主体工程设计成果相比,核定后年净取水量由 1 047.76 万 m³ 减少至 1 046.11 万 m³,减少了 1.65 万 m³;主要是生活用水量由 2.63 万 m³ 减少至 0.98 万 m³;生产用水取用再生水量未发生变化,仍为 1 045.13 万 m³。

另外,为保障项目运行安全,再生水需设置备用水源,备用量按夏季工况最不利生产用水量一个月备用,备用量为 130 万 m³。

本工程核定后水量平衡表见表 3-11 ~ 表 3-13,水量平衡图见图 3-4 ~ 图 3-6。

（单位：m³/h）

表3-11 核定后工程春秋季取用水量

用水类型	序号	用水单元	总用水量	新水量			重复利用水量			耗水量	串联排水量	排水量
				外购水	再生水	小计	循环冷却水量	串联回用水量	小计			
	1	再生水深度处理	1 699		1 699	1 699			0	9	1 690	
	2	循环冷却水系统	46 461				45 596	865	46 461	657	0	208
	2.1	凝汽器冷却水	40 596				40 596		40 596			
	2.2	辅机冷却水	5 000				5 000		5 000			
	2.3	冷却塔风吹损失	23					23	23	23		
	2.4	冷却塔蒸发损失	634					634	634	634		
	2.5	循环水排污	208					208	208		208	208
生产用水	3	锅炉补给水系统	1 595					1 595	1 595	492	1 103	0
	3.1	锅炉用水	577					577	577	492	85	
	3.2	工业废水处理	263					263	263		263	
	3.3	锅炉补给水处理用水	755					755	755		755	
	4	工业用水	673.4					673.4	673.4	161.9	344.11	167.39
	4.1	油区及油泵房用水	20					20	20		20	
	4.2	含油废水处理设施	20					20	20	2	18	
	4.3	清水池	291					291	291		123.61	167.39
	4.4	脱硫用工业用水	50					50	50		50	
	4.5	未预见用水	20					20	20	20		

续表 3-11

用水类型	序号	用水单元	总用水量	新水量			重复利用水量			耗水量	串联排水量	排水量
				外购水	再生水	小计	循环冷却水量	串联回用水量	小计			
生产用水	4.6	除灰空压机用水	90					90	90		90	
	4.7	主厂房冲洗用水	10					10	10	10		
	4.8	脱硫用工艺用水	67.4					67.4	67.4	60.9	6.5	
	4.9	干灰场喷洒用水	25					25	25	25		
	4.10	干灰加湿用水	20					20	20	20		
	4.11	干渣加湿用水	3					3	3	3		
	4.12	煤场除尘用水	10					10	10	10		
	4.13	暖通空调用水	14					14	14		14	
	4.14	煤水处理设施	12					12	12	2	10	
	4.15	输煤系统冲洗用水	15					15	15	3	12	
	4.16	脱硝用水	6					6	6	6		
	5	其他用水	6.63	1.12		1.12		5.51	5.51	4.83	1.8	
生活用水	5.1	生活用水	1.12	1.12		1.12				0.22	0.9	
	5.2	生活污水处理站	0.9					0.9	0.9		0.9	
	5.3	厂区绿化及除尘用水	4.61					4.61	4.61	4.61		
		小计	50 435.03	1.12	1 699	1 700.12	45 596	3 138.91	48 734.91	1 324.73	3 138.91	375.39

表3-12　核定后工程夏季取用水量

用水类型	序号	用水单元	总用水量	新水量			重复利用水量			耗水量	串联排水量	排水量
				外购水	再生水	小计	循环冷却水量	串联回用水量	小计			
生产用水	1	再生水深度处理	1 804		1 804	1 804			0	9	1 795	
	2	循环冷却水系统	53 730				52 760	970	53 730	738	0	232
	2.1	凝汽器冷却水	47 760				47 760		47 760			
	2.2	辅机冷却水	5 000				5 000		5 000			
	2.3	冷却塔风吹损失	26					26	26	26		
	2.4	冷却塔蒸发损失	712					712	712	712		
	2.5	循环水排污	232					232	232			232
	3	锅炉给水系统	1 595					1 595	1 595	492	1103	0
	3.1	锅炉用水	577					577	577	492	85	
	3.2	工业废水处理	263					263	263		263	
	3.3	锅炉补给水处理用水	755					755	755		755	
	4	工业用水	673.4					673.4	673.4	161.9	344.11	167.39
	4.1	油区及油泵房用水	20					20	20		20	
	4.2	含油废水处理设施	20					20	20	2	18	
	4.3	清水池	291					291	291		123.61	167.39
	4.4	脱硫用工业用水	50					50	50	20	50	
	4.5	未预见用水	20					20	20	20		

续表3-12

用水类型	序号	用水单元	总用水量	新水量			重复利用水量				串联排水量	排水量
				外购水	再生水	小计	循环冷却水量	串联回用水量	小计	耗水量		
生产用水	4.6	除灰空压机用水	90					90	90		90	
	4.7	主厂房冲洗用水	10					10	10	10		
	4.8	脱硫用工艺用水	67.4					67.4	67.4	60.9	6.5	
	4.9	干灰场喷洒用水	25					25	25	25		
	4.10	干灰加湿用水	20					20	20	20		
	4.11	干渣加湿用水	3					3	3	3		
	4.12	煤场除尘用水	10					10	10	10		
	4.13	暖通空调用水	14					14	14		14	
	4.14	煤水处理设施	12					12	12	2	10	
	4.15	输煤系统冲洗用水	15					15	15	3	12	
	4.16	脱硝用水	6					6	6	6		
	5	其他用水	6.63	1.12		1.12		5.51	5.51	4.83	1.8	
生活用水	5.1	生活用水	1.12	1.12		1.12				0.22	0.9	
	5.2	生活污水处理站	0.9					0.9	0.9		0.9	
	5.3	厂区绿化及除尘用水	4.61					4.61	4.61	4.61		
		小计	57 809.03	1.12	1 804	1 805.12	52 760	3 243.91	56 003.91	1 405.73	3 243.91	399.39

（单位：m³/h）

表3-13　核定后工程冬季取用水量

用水类型	序号	用水单元	总用水量	新水量			重复利用水量			耗水量	串联排水量	排水量
				外购水	再生水	小计	循环冷却水量	串联回用水量	小计			
	1	再生水深度处理	1 522		1 522	1 522				9	1 513	
	2	循环冷却水系统	19 319				18 896	423	19 319	318	0	105
	2.1	凝汽器冷却水	13 896				13 896		13 896			
	2.2	辅机冷却水	5 000				5 000		5 000			
	2.3	冷却塔风吹损失	9					9	9	9	9	
	2.4	冷却塔蒸发损失	309					309	309	309	309	
	2.5	循环水排污	105					105	105		105	105
生产用水	3	锅炉补给水系统	2 125					2 125	2 125	671	1 454	0
	3.1	锅炉用水	756					756	756	671	85	
	3.2	工业废水处理	349					349	349		349	
	3.3	锅炉补给水处理用水	1 020					1 020	1 020		1 020	
	4	工业用水	760.3					760.3	760.3	161.9	340.4	258
	4.1	油区及油泵房用水	20					20	20		20	
	4.2	含油废水处理设施	20					20	20	2	18	
	4.3	清水池	377.9					377.9	377.9		119.9	258
	4.4	脱硫用工业用水	50					50	50		50	
	4.5	未预见用水	20					20	20	20		

续表 3-13

用水类型	序号	用水单元	总用水量	新水量			重复利用水量					排水量
				外购水	再生水	小计	循环冷却水量	串联回用水量	小计	耗水量	串联排水量	
生产用水	4.6	除灰空压机用水	90					90	90		90	
	4.7	主厂房冲洗用水	10					10	10	10		
	4.8	脱硫用工艺用水	67.4					67.4	67.4	60.9	6.5	
	4.9	干灰场喷洒用水	25					25	25	25		
	4.10	干灰加湿用水	20					20	20	20		
	4.11	干渣加湿用水	3					3	3	3		
	4.12	煤场除尘用水	10					10	10	10		
	4.13	暖通空调用水	14					14	14		14	
	4.14	煤水处理设施	12					12	12	2	10	
	4.15	输煤系统冲洗用水	15					15	15	3	12	
	4.16	脱硝用水	6					6	6	6		
生活用水	5	其他用水	2.02	1.12		1.12		0.9	0.9	0.22	1.8	
	5.1	生活用水	1.12	1.12		1.12				0.22	0.9	
	5.2	生活污水处理站	0.9					0.9	0.9		0.9	
	5.3	厂区绿化及除尘用水	0					0	0	0		
		小计	23 728.32	1.12	1 522	1 523.12	18 896	3 309.2	22 205.2	1 160.12	3 309.2	363

· 124 ·

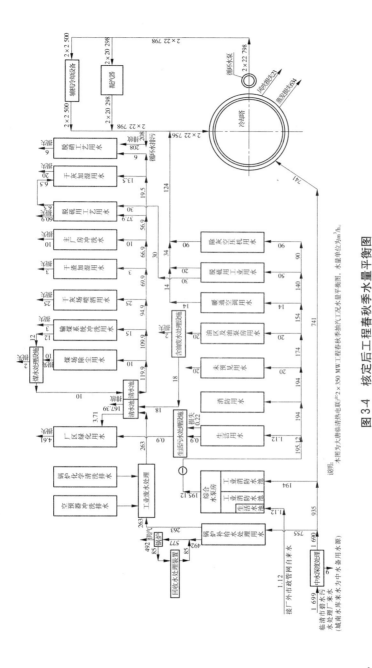

图 3-4 核定后工程春秋季水量平衡图

说明: 本图为大唐临清热电联产 2×350 MW 工程春秋季抽汽工况水量平衡图。水量单位为 m³/h。

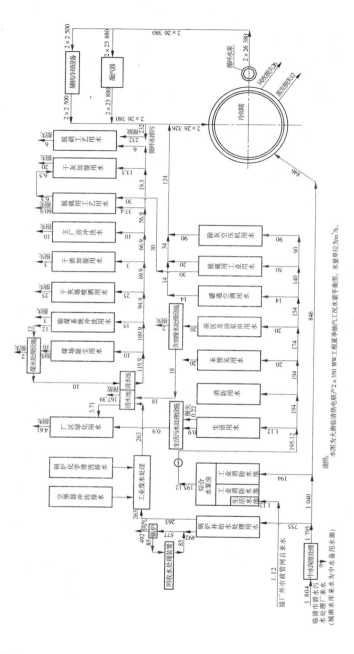

图 3-5 核定后工程夏季水量平衡图

说明:
本图为大唐临清热电联产2×350 MW工程夏季抽汽工况水量平衡图。水量单位为m³/h。
临清市污水处理厂来水为中水备用水源
(城南水库来水为中水水源)

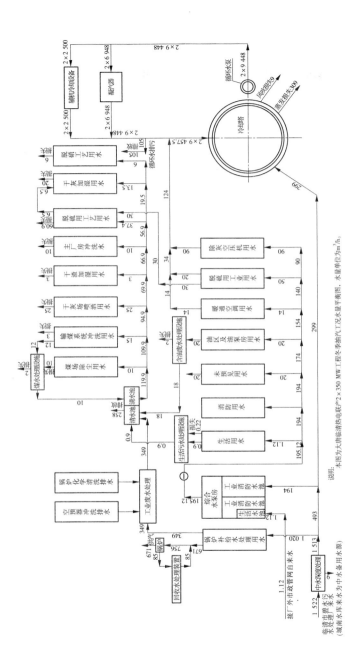

图 3-6 核定后工程冬季水量平衡图

说明：本图为大唐临清热电联产 2×350 MW 工程冬季抽汽工况水量平衡图。水量单位为 m^3/h。

核定后工程主要用水指标与相关标准相符性分析见表3-14。

表3-14 核定后工程主要用水指标与相关标准相符性分析

序号	指标	类别	核定后	标准	备注
1	机组发电耗水率 $m^3/(s \cdot GW)$	全年	0.42	0.6~0.8	优于标准
2	机组复用水率(%)	全年	95.94	>95	符合标准
3	循环水利用率(%)	全年	98.09	95~97	优于标准
4	冷却塔蒸发损失率(%)	全年	1.40	1.2~1.6	符合标准
5	冷却塔风吹损失率(%)	全年	0.05	≤0.2	优于标准
6	循环水浓缩倍率	全年	3.74	3~5	符合标准
7	热电比(%)	全年	126.18	>50	优于标准
8	全厂总热效率(%)	全年	64.3	>45	优于标准
9	人均用水量(L/(人·d))	全年	120	85~140	符合标准
10	单位发电取水量($m^3/$万 kWh)	全年	19.12	25	优于标准
	单位工业抽汽取水量(m^3/t)	全年	0.94	2.2	优于标准
	单位采暖抽汽取水量(m^3/GJ)	全年	0.02	0.4	优于标准

第四节 再生水取水水源论证

为节约当地新鲜水资源,本项目以碧水污水处理厂再生水作为供水水源,具有重要的意义。

一、污水处理厂概况

碧水污水处理厂位于项目所在区域市区东北部,距市区 3 km,主要收集市区和工业园区的生活污水及工业废水,建设规模为 7.5 万 m^3/d,分两期建设。一期工程建设规模为 4.5 万 m^3/d,于 2003 年建成并投入运行,并于 2009 年进行了技术改造;二期工程建设规模为 3 万 m^3/d,于 2007 年建成并投入运行。该污水处理厂采用改进 A_2/O 一体化延时曝气二级生化处理工艺,出水水质达到《城镇污水处理厂污染物排放标准》(GB 18918—2002)中的一级A排放标准。目前,工程一、二期运行稳定,出水各项指标均达到设计要求。污水处理厂工艺流程如图3-7所示。

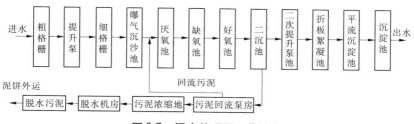

图3-7　污水处理厂工艺流程

二、污水收集管网情况

碧水污水处理厂污水管网收集区域为项目所在区域市区和工业园区,汇水范围为东至京九铁路、西至卫运河、北至红旗渠、南至南环路。污水管网共95 km。另外,随着城市的发展,区域城市建设部门规划在碧水污水处理厂污水管网收集区域内的北至济津河、东至东外环、南至南外环、西至西外环围合成的范围内,新建污水管道39.3 km,详见现状污水管网收集范围图(略)。

三、污水处理厂供水能力分析

(一)供水总量分析

1. 现状年实际产生的再生水利用量

根据污水处理厂提供的资料,污水处理厂2010年、2011年和2012年实际出水量分别为1 806.69万 m³、1 846.14万 m³和2 132.59万 m³。根据《建设项目水资源论证导则(试行)》(SL/Z 322—2005)中特殊水源论证要求,污水再生利用量为污水处理厂实际处理水量的50%~70%,最多不超过80%,2010年、2011年和2012年的污水再生利用量按照80%计算,则污水处理厂2010年、2011年和2012年可供利用的再生水量分别为1 445.352万 m³/a、1 476.912万 m³/a和1 706.072

万 m³/a,可以满足项目年需再生水总量 1 045.13 万 m³ 的要求。

在 2011 年 11 月 15 日至 2012 年 11 月 14 日,春季(2012 年 3 月 16 日至 5 月 31 日)、秋季(2012 年 9 月 1 日至 11 月 14 日)、夏季(2012 年 6 月 1 日至 8 月 31 日)、冬季(2011 年 11 月 15 日至 2012 年 3 月 15 日)工况下污水处理厂日最低污水处理量分别为 5.60 万 m³/d、5.62 万 m³/d、5.65 万 m³/d、4.81 万 m³/d,污水再生利用量按照 80% 计算,则春季、秋季、夏季、冬季工况下污水处理厂日最低可供利用的再生水量分别为 4.48 万 m³/d、4.496 万 m³/d、4.52 万 m³/d、3.848 万 m³/d,而本项目春季、秋季、夏季、冬季工况下日最大需水量分别为 4.08 万 m³/d、4.08 万 m³/d、4.33 万 m³/d、3.65 万 m³/d。因此,污水处理厂提供的日最低可供利用的再生水量可以满足项目相应工况下日最大需水量。

随着污水收集率的提高和水处理工艺的改进,碧水污水处理厂的再生水可利用量还会有所增加,可满足更多的再生水用水需求。目前污水处理厂尚无其他用水户。

2.2015 年污水收集能力计算

根据城市排水专项规划,2015 年项目所在区域规划排水系统分为两个大系统,一个是碧水污水处理厂为中心的西区污水系统,收集范围为北至红旗渠、南至南环路、东至京九铁路、西至卫运河,面积为 34.54 km²;另一个是以规划中的第二污水处理厂为中心的东区污水系统,收集范围为京九铁路以东到规划的经十路,面积为 31.87 km²。

本次论证对于 2015 年碧水污水处理厂控制区内可收集的污废水量采用定额推求法,即根据控制区域内城市化发展进程以及人口、工业等发展状况、用水定额等分别预测各水平年的用水量,再根据产污系数及管网收集率推算可收集的污废水量。

1)用水量规划

随着城市化进程的不断加快,城市人口逐渐增加,根据《区域城市总体规划》,2015 年碧水污水处理厂管网控制区域内人口达到 40 万人,城镇综合用水定额按 120 L/(人·d),则 2015 年城镇生活用水量为 1 752 万 m³。

现状年碧水污水处理厂管网控制区域内工业万元增加值为 120 亿元,根据当地国民经济发展规划,2011～2015 年工业增加值增长率达到 8%;工业万元增加值取水量为 14 m^3,则 2015 年工业增加值将达到 163.26 亿元,工业用水量为 2 285.6 万 m^3。

另外,未预见用水量按上述总用水量的 5% 计,为 201.88 万 m^3。2015 年污水处理厂管网控制区域内总用水量为 4 238.1 万 m^3,见表 3-15。

表 3-15 2015 年污水处理厂管网控制区域内用水量预测表

水平年	城镇生活用水量			工业用水量			未预见水量 (万 m^3)	总用水量 (万 m^3)
	总人口 (万人)	用水定额 L/(人·d)	用水量 (万 m^3)	工业万元增加值(亿元)	取水定额 (m^3/万元)	用水量 (万 m^3)		
规划年	40	120	1 752	163.26	14	2 285.6	201.88	4 238.1

2)污水收集量计算

2015 年生活污水及其他污水产污率取 0.75,工业污水产污率取 0.65,城市污水管网收集率预计将达到 0.85。由此,预测污水处理厂管网控制区污废水可收集量为 2 507.5 万 m^3,详见表 3-16。

表 3-16 污水处理厂管网控制区污废水可收集量预测

(单位:万 m^3)

水平年	污水排放量				可收集 污水量
	城镇生活污水量	工业污水量	未预见污水量	小计	
规划年	1 314.0	1 485.6	150.4	2 950.0	2 507.5

从表 3-16 可知,污水处理厂 2015 年可收集的污废水量为 2 507.5 万 m^3,扣除 10% 的损耗,可产生的再生水量为 2 256.8 万 m^3。据《建设项目水资源论证导则(试行)》(SL/Z 322—2005)中特殊水源论证要求,2015 年的污水再生利用量按照 80% 计算,则可供利用的再生水量为 1 805.4 万 m^3/a。本项目年需再生水总量为 1 045.13 万 m^3,占污水处理厂可供水量的 57.89%,可以得到满足。

3.特枯年供水能力分析

城市供水一般设计供水保证率为95%,当遭遇特枯年份,城镇生活和工业生产均可能出现供水不足的情形,此时城市污水可收集量也会相应减少。本次论证中,为了保证各部门用水,各水平年频率为97%的特枯年份用水定额按正常年份定额的80%考虑,现状水平和规划水平特枯年份生活污水及其他污水产污率取0.75,工业污水产污率取0.65,城市污水管网收集率分别达到0.80和0.85。所得特枯年份污水管网收集范围内总用水量见表3-17,污废水收集量见表3-18。

表3-17 特枯年用水量计算　　　　　（单位:万 m³/a）

水平年	城镇生活用水量	工业用水量	未预见用水量	总用水量
现状年	800	1 760	128	2 688
规划年	1 402	2 380	189	3 971

表3-18 特枯年污废水收集量计算　　　　　（单位:万 m³/a）

水平年	城镇生活污水量	工业污水量	未预见污水量	污水排放量	可收集污水量
现状年	600	1 144	96	1 840	1 472
规划年	1 052	1 547	142	2 741	2 330

碧水污水处理厂主要收集市区生活污水和工业污废水,污水处理厂的再生水保证率应与城市供水保证率一致,为95%。在特枯年份(97%保证率),城区污废水排放量有所减少,在污水处理厂收集范围内,可收集的污水量现状水平和规划水平分别为 1 472 万 m³/a 和 2 330 万 m³/a。扣除10%内部损耗后可产生的再生水量分别为 1 324.8 万 m³/a 和 2 097 万 m³/a;特枯年份污水再生利用量按照80%计算,则可供利用的再生水量分别为 1 059.84 万 m³/a 和 1 677.60 万 m³/a。本项目年需再生水总量为 1 045.13 万 m³,在两个水平年份遭遇特枯年时分别占污水处理厂可供再生水量的98.61%和62.30%。可见,在特枯年份,项目的用水总量要求能够得到满足。

（二）供水强度分析

由于污水处理厂不具有调蓄能力,因而无法解决因进水量变化而导致出水量改变并对企业供水造成不利影响的问题。为考察再生水水源的可靠性,本次论证进一步对碧水污水处理厂的供水强度加以分析。

1.春秋季工况下供水强度分析

春秋季工况下生产用水量为 1 699 m³/h,按 24 h 运行最不利状况计,则春秋工况下日取水量为 4.08 万 m³。2012 年 3 月 16 日至 5 月 31 日和 2012 年 9 月 1 日至 11 月 14 日,污水处理厂日平均处理水量为 5.84 万 m³/d,根据《建设项目水资源论证导则(试行)》(SL/Z 322—2005)中的特殊水源论证要求,每日可供电厂利用的再生水量按照污水处理厂实际处理水量的 80% 计算,每日可供电厂利用的再生水量为 4.672 万 m³/d。2012 年春秋季工况下再生水可供水量与项目需水量的关系如图 3-8、图 3-9 所示。

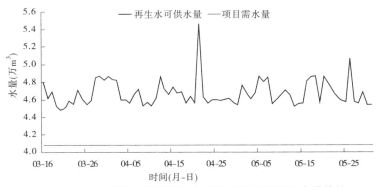

图 3-8　2012 年春季工况下再生水可供水量与项目需水量的关系

由图 3-8 和图 3-9 可以看出,春秋季工况下项目逐日需水量均小于碧水污水处理厂可供再生水量。碧水污水处理厂的再生水能够满足项目春秋季工况的需水要求。

2.夏季工况下供水强度分析

夏季工况下生产用水量为 1 804 m³/h,按 24 h 运行最不利状况计,则夏季工况下日取水量为 4.33 万 m³。2012 年 6 月 1 日至 8 月 31 日污水处理厂日平均处理水量为 5.79 万 m³/d,根据《建设项目水资源论证导则(试行)》(SL/Z 322—2005)中的特殊水源论证要求,每日可

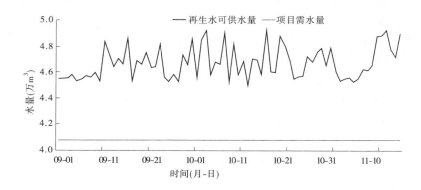

图 3-9　2012 年秋季工况下再生水可供水量与项目需水量的关系

供电厂利用的再生水量按照污水处理厂实际处理水量的 80% 计算,每日可供电厂利用的再生水量为 4.63 万 m³/d。2012 年夏季工况下再生水可供水量与项目需水量的关系见图 3-10。

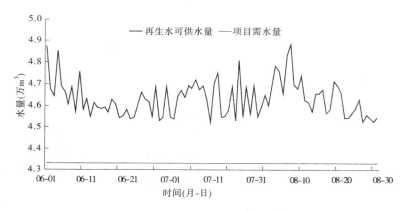

图 3-10　2012 年夏季工况下再生水可供水量与项目需水量的关系

由图 3-10 可以看出,夏季工况下项目逐日需水量均小于碧水污水处理厂可供再生水量。碧水污水处理厂的再生水能够满足项目夏季工况的需水要求。

3. 冬季工况下供水强度分析

根据电厂特点,冬季工况下用水量为 1 522 m³/h,按 24 h 运行最不利状况计,则冬季工况下日取水量为 3.65 万 m³;按冬季工况 4 个月考虑,分析污水处理厂再生水的供水能力。2011 年 11 月 15 日至 2012 年 3 月 15 日污水处理厂日平均处理水量为 5.49 万 m³/d,根据《建设项目水资源论证导则(试行)》(SL/Z 322—2005)中的特殊水源论证要求,每日可供电厂利用的再生水量按照污水处理厂实际处理水量的 80% 计算,则每日可供电厂利用的再生水量为 4.39 万 m³/d。冬季工况下再生水可供水量与项目需水量的关系见图 3-11。

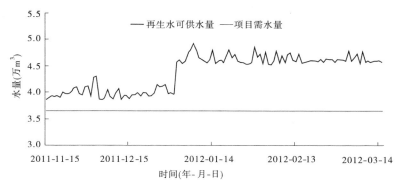

图 3-11　冬季工况下再生水量可供水量与项目需水量的关系

由图 3-11 可以看出,冬季工况下项目逐日需水量均小于碧水污水处理厂可供再生水量。碧水污水处理厂的再生水能够满足项目冬季工况的需水要求。

综上可知,从供水强度上来看,碧水污水处理厂提供的再生水水源可以满足本项目用水要求。

四、再生水水源水质分析

(一)出厂水质检测评价

碧水污水处理厂设计出水水质为《城镇污水处理厂污染物排放标准》(GB 18918—2002)一级 A 标准。2012 年 6 月 5 日和 7 月 17 日山东省水环境监测中心聊城分中心分别对该厂的出水水质进行了取样检测。检测结果经与《城镇污水处理厂污染物排放标准》(GB 18918—2002)基本控制项目最高允许排放浓度标准值对比,污水处理厂出水水质达到了一级 A 排放标准。

此外,根据 2012 年 1 月 1 日至 12 月 31 日碧水污水处理厂废水污染源逐日监测数据,化学需氧量和氨氮指标均达到《城镇污水处理厂污染物排放标准》(GB 18918—2002)的一级 A 排放标准。

根据《城市污水再生利用工业用水水质》(GB/T 19923—2005)的要求,再生水用作循环冷却补充水需满足该规范中相关水质控制指标。将污水处理厂实测出水水质与再生水用作工业用水水源的水质标准相比较,其结果见表 3-19。可以看出,碧水污水处理厂出水中氯离子、总硬度、总碱度、硫酸盐、溶解性总固体等指标均不能满足《城市污水再生利用工业用水水质》(GB/T 19923—2005)标准,需经过深度处理后再用于循环水系统。

表 3-19　污水处理厂实测出水水质与再生水用作工业用水水源的水质标准比较

序号	项目	污水处理厂出水水质		循环冷却补充水		
		2012 年 6 月 5 日 取样	2012 年 7 月 17 日 取样	标准	评价	
					2012 年 6 月 5 日 取样	2012 年 7 月 17 日 取样
1	pH	7.82	7.63	6.5~8.5	√	√
2	浊度(NTU)	5	5	≤5	√	√
3	色度(度)	28	26	≤30	√	√
4	BOD_5(mg/L)	9.57	9.58	≤10	√	√
5	COD_{Cr}(mg/L)	43.22	38.60	≤60	√	√
6	铁(mg/L)	<0.008	0.035	≤0.3	√	√
7	锰(mg/L)	0.08	0.05	≤0.1	√	√
8	氯离子(mg/L)	702.77	825.85	≤250	×	×

序号	项目	污水处理厂出水水质		循环冷却补充水		
		2012 年 6 月 5 日 取样	2012 年 7 月 17 日 取样	标准	评价	
					2012 年 6 月 5 日 取样	2012 年 7 月 17 日 取样
9	二氧化硅(mg/L)	18.3	17.9	≤50	√	√
10	总硬度(mg/L)	618.8	758.4	≤450	×	×
11	总碱度(mg/L)	1 449	1 360	≤350	×	×
12	硫酸盐(mg/L)	1 527.82	1 250.88	≤250	×	×
13	氨氮(mg/L)	1.55	1.30	≤10[①]	√	√
14	总磷(mg/L)	0.56	0.51	≤1	√	√
15	溶解性总固体(mg/L)	4 022.0	2 860.0	≤1 000	×	×
16	石油类(mg/L)	—	—	≤1	√	√
17	阴离子表面活性剂 (mg/L)	0.08	0.06	≤0.5	√	√
18	粪大肠菌群(个/L)	2	4	≤2 000	√	√

注:当敞开式循环冷却水系统换热器为铜质时,循环冷却系统中循环水的氨氮指标应小于 1 mg/L。

(二)深度处理方案及水质达标情况

碧水污水处理厂的再生水需在厂内作进一步深度处理,系统工艺选择为污水处理厂中水→加药、石灰处理澄清→杀菌过滤→加酸、杀菌→循环冷却水系统。

经过中水深度处理后,再生水除氯离子和硫酸根离子外,出水水质满足《城市污水再生利用 工业用水水质》(GB/T 19923—2005)的要求,本工程经中水深度处理后的水主要用于循环水冷却水系统和锅炉补给水处理系统的补水,其中锅炉补给水处理系统有脱盐设施,即使氯离子和硫酸根离子偏高也不影响其系统运行,循环水处理系统混凝土结构作了加强防腐,管材采用 TP317L,满足原水中氯离子和硫酸根离子的要求。

五、污水处理厂风险影响及安全隐患分析和对策

(一)自然灾害影响的可能性

自然界中的灾害,如水灾、风灾、地震等,达到一定的程度,势必会对构筑物造成破坏,影响正常的运行,污水也可能溢流于厂区或附近地区,造成局部污染。碧水污水处理厂所有构筑物结构设计均按抗震裂度7度设防,因此一般地震不会对工程造成破坏。

(二)设备故障对供水的影响及对策

在污水处理厂内,由机械设备或电力故障而造成污水处理设施不能正常运行时,污水就会从系统中溢流至附近的水体中,致使地面水系受到污染。完善污水处理厂内的应急设施,在总出水口处设置应急回流管道,确保紧急情况下污水能够得到有效控制;污水处理厂的所有污水处理工段至少有一台备用设备,以便使事故造成的影响降低到最小。

为防止高浓度污水的冲击,保证进水水质相对稳定,污水处理厂要有专业环境监测人员,对企业排放污水进行监测、监督;对于超标排放的企业,处理厂将联合环保部门,停止其向污水管网排放污水,经过整顿,达标排放。

(三)其他应急处理方案

与上级领导部门建立联动机制,根据市住建局、市环保局的要求,建立市住建局、市环保局、市水利局及污水处理企业的应急联动机制,如出现紧急情况,住建局负责管网及泵站,市水利局负责河流断面,市环保局负责源头及各方协调,污水处理企业负责污水的有效处理,多管齐下,确保紧急情况下污水能够得到妥善处置。

六、再生水作为本项目用水的可行性和可靠性分析

本项目生产用水取用碧水污水处理厂的再生水,全年用水量为1 045.13万 m³。目前,碧水污水处理厂设计规模7.5万 m³/d,现在运行能力可达6万 m³/d。

2011年污水处理厂可供利用的再生水量为1 476.91万 m³/a,高于项目年需再生水总量1 045.13万 t。通过对2015年污水处理厂污

废水收集区域内城镇生活及工业生产产生的污废水进行预测,收集的污废水可以满足污水处理厂进水需求,处理后产生的再生水可以满足项目用水要求。从供水强度来看,利用 2011 年 11 月至 2012 年 11 月逐月日均产生再生水量及其可利用量与电厂春秋季、夏季和冬季工况下日均需水强度进行比较,结果表明,当前污水处理厂产生的再生水量可以满足项目取水要求。另外,在特枯年份,虽然污废水排放量有所减少,但在碧水污水处理厂收集范围内各水平年的污废水排放量均能满足项目用水要求。总之,城镇生活及工业生产用水量分布比较均匀,污废水来源较稳定,不受自然条件的影响,水量和供水保证率可以满足本项目的取水要求。

碧水污水处理厂出水经深度处理后其水质也可以满足电厂的水质要求。所推荐的再生水深度处理方案在技术上是可行的。

综上所述,碧水污水处理厂的再生水水量能够满足本项目取水要求,水质经深度处理后也可满足电厂用水水质要求。

七、取水口设置合理性分析

项目取用再生水取水口有一处,设在碧水污水处理厂的排水口处。管网沿路铺设,需铺设管网长度 6 km,经综合分析,新建管网经济合理。

第五节 黄河水取水水源论证

项目生产采用城南水库黄河水作为再生水备用水源,备用量为 130 万 m³/a。

一、城南水库概况

(一)库区概况

城南水库位于项目所在区域正南约 12 km 处。水库设计总库容 573 万 m³,设计蓄水水位 44.5 m;设计死库容 77.01 万 m³,设计死水位 32.50 m。坝顶高程 45 m,平均坝高 9 m。水库引水口位于三干渠左岸设计桩号 65 +200 处。水库利用位山引黄闸引水、西输沙渠输沙、西沉沙池沉沙、总干渠和位山三干渠输水至三干分水闸。水库由围坝、入库泵站、引水渠、出库泵站、供水工程等部分组成。水库引水利用现有的尚店扬水站(设计流量 66.5 m^3/s)引水入友谊渠,后进入尚店分水闸;经引水渠后进入库泵站,经入库泵站提水后,进入水库调蓄,入库泵站位于围坝东南角设计桩号 0 +000 处,泵站设计流量 5 m^3/s;出库泵站位于围坝东北角设计桩号 2 +180,库水经坝下涵洞进入出库泵站前池,泵站设计出库流量 0.45 m^3/s;出库泵站后接输水管道向东沿三干渠向北进入项目所在区域第二水厂。

由城南水库水位、面积及库容数据,可得到该水库水位—面积—库容图(略)。城南水库为引黄平原水库,供水对象为城市城区及水库附近居民生活用水及公共管网内的工业用水。

(二)水库引水工程

城南水库引水水源为黄河水,自黄河干流位山引黄闸引水后,经位山三干渠引水入项目所在区域,由三干渠尚店扬水站引水入友谊渠,经入库泵站提水入库。

1.位山灌区

位山灌区位于山东省聊城市的中东部,南临黄河,北靠卫运河,东与德州市相邻,灌区土地总面积为 5 734.3 km^2,耕地面积为 567.1 万亩,灌区总人口 357 万,是山东省也是黄河下游最大的引黄灌区。目前,灌区包括东昌府、临清、茌平、高唐、东阿、冠县及阳谷七个县(市、区)的全部或部分耕地,设计灌溉面积 540 万亩(1 亩 = 1/15 hm^2,下同),其中实灌面积 460 万亩。灌区通过位山引黄闸引黄河水,经东、西输沙渠、沉沙池沉沙后,分别进入一、二、三干渠输水至下级渠道至田间。

位山灌区除承担 540 万亩耕地的灌溉任务外,还承担着区内城市部分生活及工业企业的供水任务,其西渠系统还担负引黄入卫、引黄济津的送水任务。根据 1980～2011 年灌区引水灌溉资料统计分析,灌区年均引水量为 10.82 亿 m^3。

2. 位山引黄闸

位山引黄闸位于东阿县关山乡位山村西,黄河左岸弯道险工段。上距孙口站 39.3 km,下距艾山站 26.5 km,闸址在此段河道弯道的凹岸。闸上 600 m 和闸下 200 m 内分布多处砌石丁坝,对岸是山区,无堤防,两岸控导工程控制严密,闸前河道水流流势稳定,引水条件良好。位山引黄闸始建于 1958 年,1982 年进行了改建,改建后工程指标为:设计水位 41.0 m,相应大河流量 380 m^3/s,引黄闸引水流量 240 m^3/s。

3. 输水渠道工程

1) 总干渠

总干渠负责向二、三干渠供水。该渠自西沉沙池出口,至二、三干渠渠首的周店,进水闸全长 3.64 km,设计输水流量 150 m^3/s。

2) 三干渠

三干渠自周店开始,至临清市入卫涵洞,全长 78.6 km,设计流量 73.5 m^3/s,加大流量 84.5 m^3/s。

二、黄河艾山站引水情况分析

黄河干流上距离位山引黄闸最近的下游水文站是艾山站,因此选取艾山站水文实测资料分析城南水库的可引水量。

按照水利部的统一部署,1999 年春季以来,黄河水利委员会对三门峡至利津河段实施统一水量调度。为搞好黄河水量调度工作,缓解山东省用水矛盾,确保黄河不断流,山东省引黄供水调度管理工作实行统一调度、总量控制、以供定需、分级管理、分级负责的原则。2010 年,山东省发布了"十二五"用水总量控制指标,山东省从黄河干流引水分配指标为 65.03 亿 m^3,山东省分配给聊城市的引黄指标为 7.92 亿 m^3,聊城市分配给临清市的引黄指标为 0.91 亿 m^3。

黄河可引水天数主要受黄河水位、流量、含沙量及冰凌因素的影响,同时受灌溉用水等人为因素的影响。根据艾山站水文资料和现有工程运行情况,拟定以下可引水控制条件:

(1) 含沙量控制。根据多年引黄经验,为减少引沙量,减轻渠道淤积和泥沙处理负担,黄河水流含沙量大于 30 kg/m^3 时不引水。

（2）流量控制。最小可引水流量主要是参照近期黄河山东段工农业引水造成的黄河各站流量差来确定。根据山东黄河河务局 2002 年 5 月编制的《黄河下游水量调度责任制（试行）》，为保证黄河不断流，"确保利津站断面流量不低于 50 m³/s"的要求，利津站最小可引水流量采用 50 m³/s，相应艾山站的最小可引水流量为 250 m³/s，即小于 250 m³/s 时不引水。

根据防汛规定，为确保防洪安全，黄河流量大于 5 000 m³/s 时不引水。

（3）冰凌控制。冰凌期一般发生在 12 月、1 月、2 月三个月内，封冻期可引天数按封冻期的 50% 考虑。

（4）黄河调水调沙期间不引水。从 2002 年第一次调水调沙试验开始，至 2008 年共进行了 7 次调水调沙试验，调水调沙期间不引水。

根据上述可引水条件，统计黄河艾山站 1980~2008 年历年逐月可引水天数。经分析，艾山站多年平均可引水天数为 251 d。

三、位山引黄闸及项目所在区域历年引黄水量分析

（一）位山引黄闸历年实际引黄水量分析

根据 1980~2011 年引水资料，位山灌区多年平均引水量为 10.82 亿 m³，多年平均引水天数为 127 d，其中 3~5 月、9~10 月多年平均引水天数为 87.2 d，占总引水天数的 68.7%。

（二）项目所在区域历年实际引黄水量分析

项目所在区域处于位山灌区末端，从位山引黄闸引水后，黄河水经位山三干渠进入项目所在区域。郭庄闸位于位山三干渠设计桩号 56+568 处，设计引水流量 67 m³/s。该闸是位山三干渠进入项目所在区域境内的控制性建筑物。因此，可以通过郭庄闸的实际引水资料分析项目所在区域的实际引黄水量。

1. 郭庄闸实际引水天数统计分析

根据郭庄闸 1995~2011 年引水资料，该闸多年平均引水 145 d。由统计结果可知，郭庄闸历年各月基本上都有引水，除 6 月、7 月引水天数较少外，其他各月引水天数均大于 10 d，引水时间以 11 月、12 月、

1月、3月最长,年平均引水天数在 20 d 以上,引水量也最大,11 月至次年 2 月为引黄济津(入卫)送水期,项目所在区域亦可分流引水;其次,3~7 月和 8~10 月引水天数均大于 10 d。

2. 引水量统计分析

据统计,1995~2011 年项目所在区域经郭庄闸多年平均引水量为 12 251 万 m³,年最小引水量为 7 633 万 m³,年最大引水量为 22 490 万 m³。

3. 引水流量统计分析

根据郭庄闸 1995~2011 年历年各月引水流量统计资料,可以分析出历年各月平均引水流量,郭庄闸历年平均引水流量为 36 m³/s,最大年均流量为 60 m³/s,最小年均流量为 20 m³/s。

四、城南水库可引水量分析

(一)可引水天数

本次论证中,城南水库的可引水天数主要根据艾山站可引水天数确定。虽然城南水库位于该引黄灌区末端,但郭庄闸为大流量引水,且区间除农田灌溉引水外并无其他拦蓄水工程,而依据水库调度方案,其可引水天数并不会因为区间灌溉引水而减少。因此,参照艾山站的可引水天数确定城南水库的可引水天数是可行的。

通过对艾山站历年可引水天数,进行从大到小排序,计算历年可引水天数经验频率,点绘各可引水天数经验频率点据,利用"多项式"对经验频率点据进行拟合。根据拟合曲线求出 50%、75%、95% 和 97% 保证率时,艾山站可引水天数分别为 262 d、202 d、142 d 和 136 d。

根据引水天数最接近原则,并考虑小浪底水库建成运用和黄河统一调度后的现状来水条件,选取 2002 年 6 月至 2003 年 5 月作为 97% 保证率典型年。采用同倍比法求得 97% 保证率典型年逐月可引水天数,即为城南水库 97% 保证率可引水天数,见表 3-20。

表 3-20　城南水库 97% 供水保证率时逐月可引水天数 （单位：d）

项目	6月	7月	8月	9月	10月	11月	12月	1月	2月	3月	4月	5月	全年
2002~2003年	24	19	27	12	28	1	0	0	2	16	6	4	139
97%保证率	20	16	23	10	23	1	0	0	2	13	5	3	116

（二）充库时间拟定

城南水库通过位山引黄闸、位山灌区总干渠和位山三干渠引水。因此，城南水库可引黄水量取决于以下几个条件：

（1）渠首引黄流量、渠道输水流量和水库入库流量之间的关系，三者取其最小者，具体见表 3-21。

表 3-21　城南水库设计引水指标情况

引黄流量 (m^3/s)		引水流量 (m^3/s)						入库流量 (m^3/s)		最小流量 (m^3/s)	水库蓄水量 （万 m^3）	
名称	设计	名称	设计	名称	设计	名称	设计	名称	设计		名称	设计库容
位山闸	240	总干渠	150	三干渠	73.5	尚店杨水站	66.5	城南水库	5	5	城南水库	573

（2）水库充库时间应结合灌区引黄灌溉或向河北、天津供水期，位山灌区主要引黄灌溉期为每年春季 3~5 月和秋季 9 月、10 月，11 月至次年 2 月为引黄入卫送水期。

（3）引黄水通过位山灌区沉沙池后，含沙量大大减少，较大含沙量一般出现在每年的 8 月、9 月，充库时可以避开高含沙时段。

因此，按照 97% 保证率可引水天数分析，结合灌区灌溉引水时间、引黄入卫送水时间等，城南水库引水月份可安排在 2~6 月、10 月、11 月，入库流量按 5 m^3/s 计列。

五、城南水库调节计算分析

城南水库为引黄平原水库，按主体设计，主要为项目所在区域城区及附近居民生活供水。本次论证调节计算,按97%供水保证率下向设计居民生活及本项目供水方案进行。

(一)水库用水户

1. 居民生活用水

根据山东省水利厅关于城南水库取水申请的批复,城南水库年供水量1 204.5万m³,日均供水量3.3万m³。

现状城南水库供水区范围内总人口24.3万人,其中城镇人口15.5万人,农村人口8.8万人。供水区内人口自然增长率为6‰、城镇化率为70%,据此预测,到2015年供水区内人口为24.9万人,城镇人口为17.43万人,农村人口为7.47万人。现状区域城镇综合生活用水定额为109 L/(人·d),根据现状用水水平和未来科技进步、社会发展及节水水平的提高,预测2015水平年区域城镇综合生活用水定额为120 L/(人·d)。现状区域农村生活用水定额为55 L/(人·d),预测到2015水平年农村生活用水定额为70 L/(人·d)。由此计算城南水库居民生活用水量为954.3万m³。日均需水量为2.61万m³。本次论证时,逐月用水量按天数推算。

2. 本项目用水

本项目取用城南水库黄河水作为再生水水源的备用水源,年备用量为130万m³。由于备用水源的使用时间无法确定,本次论证按最不利情况考虑并集中于1个月内。鉴于城南水库的引水时间集中于2～11月,每年的1月成为城南水库蓄水量最小的时段,因此将本项目备用水源取用城南水库的时间确定为每年的1月。

(二)调节计算原理

根据水量平衡原理,调节计算公式为

$$\Delta W = W_入 - W_供 - W_蒸 - W_渗 \tag{3-11}$$

式中:ΔW为水库蓄变水量,万m³;$W_入$为入库水量,万m³;$W_供$为水库供水量,万m³;$W_蒸$为水库水面蒸发损失量,万m³;$W_渗$为水库渗漏量,万m³。

(三)水库调度运行方案

根据城南水库现状来水量和用水量系列,采用水量平衡原理,按典型年法逐月进行连续调算。由于水库现状来水量中包含水面蒸发、渗漏损失水量,故采用"计入水量损失的时历列表法"进行兴利调节计算。

1.水库蒸发损失量

根据《水库初设》,城南水库月蒸发损失深为 1 414.4 mm,详见各月分配表(略)。城南水库水面月蒸发量为月蒸发深乘以月平均水面面积。

2.水库渗漏损失量

根据库区地质条件及采取的截渗措施,本工程渗漏损失量取月均库容的 1%。

3.水库控制条件

根据城南水库设计情况,考虑水库水质及安全运行水位限制,水库调算的起调库容为 77.01 万 m^3,最大允许库容为 573 万 m^3。

(四)调算结果

对城南水库进行典型年变动用水时历法调节计算,调算结果见表 3-22。根据水库调算结果,规划水平年,城南水库在满足设计用水户供水及本项目供水 97% 保证率要求下,年入库水量为 1 177 万 m^3。

城南水库工程已取得了取水许可,允许引蓄水量(黄河水)为 1 298 万 m^3/a。经调节计算,城南水库在满足设计用水户和本项目用水需求情况下,年入库水量为 1 177 万 m^3,未超过允许的引蓄水量,是可行的。

六、水库供水水质分析

城南水库没有全部建成,2011 年 5 月 10 日,山东省水环境监测中心聊城分中心分别对黄河位山浮桥处(位山引黄闸上游)的地表水质进行了取样检测,详见检测成果表(略)。采用《地表水环境质量标准》(GB 3838—2002)对黄河位山浮桥处的地表水质进行评价,结果表明该水质达到Ⅲ类水标准。本项目从水库中取水,水质达到工业用水要求。

表 3-22　城南水库 97%保证率调节计算成果

月份	可引水天数(d)	城南水库引水量			损失量(万 m³)			用水户用水量(万 m³)	项目用水(万 m³)	月末库容(万 m³)
		充库天数(d)	入库流量(m³/s)	引水量(万 m³)	蒸发	渗漏	合计			
6	20	10.0	5	432	6.4	2.5	8.9	78.4		421.71
7	16		5	0	7.5	3.8	11.3	81.1		329.37
8	23		5	0	5.0	2.9	7.9	78.4		243.10
9	10		5	0	6.5	2.0	8.5	81.1		153.57
10	23	11.5	5	497	6.7	3.6	10.3	81.1		559.09
11	1		5	0	4.8	5.2	10.0	73.2		475.95
12	0		5	0	1.4	4.3	5.7	81.1		389.16
1	0		5	0	1.9	2.8	4.7	78.4	130	176.03
2	2		5	0	1.4	1.3	2.7	81.1		92.26
3	13	5.7	5	248	3.8	1.7	5.5	78.4		256.20
4	5		5	0	7.4	2.1	9.5	81.1		165.61
5	3		5	0	6.3	1.2	7.5	81.1		77.01
合计	116	27.2	5	1 177	59.0	33.0	92	954.3	130	

七、城南水库供水可靠程度分析

本次论证对城南水库进行了兴利调节计算。根据计算结果,城南水库可向本项目年供水 130.0 万 m^3,保证率达 97% 以上。由城南水库水质分析评价结果可以看出,原水经深度处理后可用于本项目工业生产用水,因此从水质角度来看,本项目从城南水库取水也是可行的。因此,本次论证认为,本项目从城南水库年取水是可靠的,也是有保障的。当地市政府已出文同意城南水库作为项目备用水源。

八、取水口设置合理性分析

城南水库取水口设在围坝东北角出库闸上。取水口的设置充分考虑了供水管网的走向、水力关系等因素,取水口所在地区地震基本烈度为 7 度。取水口的影响范围内无滑坡、泥石流、膨胀土、土洞等不良地质作用,附近也无活动断裂,不存在安全威胁,场地稳定性条件较好,且该处无城市排污口分布,取水量不会对其他用水户产生较大的影响,该方案是合理的、可行的。

第六节 取退水影响论证与水资源保护措施

一、取水影响论证

(一)取用再生水对区域水资源和其他用水户的影响

临清市碧水污水处理厂位于临清市市区东北部,距市区 3 km,污水处理厂设计日处理规模 7.5 万 m^3。

1. 取用再生水可充分利用水资源

临清市碧水污水处理厂污水处理能力为 7.5 万 m^3/d,设计水质要求达到《城镇污水处理厂污染物排放标准》(GB 18918—2002)一级 A 排放标准。临清市城区污水水量稳定集中,不受季节和干旱影响,处理达标后将是稳定的再生水源,可用于农业灌溉、工业回用(冷却水、工艺用水、洗涤水等)、城市杂用水(浇洒、景观、消防、绿化、洗车、冲厕、建筑施工等)、渔业养殖和河湖补充用水等。本项目的用水量中,不同的用水工艺对水质的要求不同,再生水利用部分为循环冷却水的补充水、锅炉补给水、工业用水及未预见用水等用水环节,污水处理厂达标排放的再生水经深度处理后可以满足建设项目用水水质要求,取用再生水可以节约水资源,符合当地水资源开发利用的政策。本项目年取再生水量为 1 045.13 万 m³,能利用再生水的环节均利用了再生水。该项目取用再生水不仅降低优质水消耗,减少地下水的开采量,缓解当地水资源的紧缺程度,而且对促进临清市水资源合理开发利用、节水和经济的可持续发展等具有重要意义。

2. 取用再生水有利于临清市碧水污水处理厂的正常运行

根据《中华人民共和国水污染防治法》,任何单位向水体排放污染物,除要登记上报外还须按国家规定缴纳排污费,工业企业排水要求达标排放,城市污水应当集中处理,兴建污水处理厂,各单位缴纳的排污费主要用于维持污水处理厂的正常运行。但是,目前大部分城市处理费标准偏低,企业(特别是使用自备水源的企业)欠缴拒缴的现象严重,有些地区缴费率不足 10%,严重影响了污水处理厂的正常运行。临清市碧水污水处理厂处理达标的再生水如果不回用将会直接外排,造成水资源的流失。目前处理厂尚未确定其他用水户,本项目取用再生水可增加污水处理厂的经济效益,有利于其正常运行。

3. 取用再生水可减少排入卫运河的废水量

临清市碧水污水处理厂退水最终进入卫运河。目前,该厂处理水质达到一级 A 标准,并不能满足水功能区水质达标要求。本项目年取用临清市碧水污水处理厂再生水量 1 045.13 万 m³,大大减少了污废水向河道的排放量,有利于保护和改善区域水环境。

4. 取用再生水对其他用户的影响

现状临清市碧水污水处理厂已建成投产,正在运行中,尚无其他再生水用水户,本工程项目取用再生水,建设单位已与临清市碧水污水处理厂签订了供水协议,再生水经专用地埋输水管道进入厂区,不涉及其他用水户利益。因此,本项目取用再生水不会对其他用水户产生影响。

（二）取用城南水库水对区域水资源和其他用水户的影响

本次论证在进行水源论证时预先扣除城南水库向居民生活供水量954.3万 m^3/a 的供水规模，即城南水库向本项目供水是在保证向其他用水户供水的基础上进行的。因此，本项目取水对其他用水户不会产生影响。

拟建热电厂项目以城南水库地表水作为备用水源，备用量为130万 m^3/a，日最大备用量为4.3万 m^3。以城南水库作为再生水的备用水源，经城南水库调节计算，在97%保证率下能够满足本项目启用再生水备用水源时的最大需水量4.3万 m^3/d 的要求。而作为再生水备用为短期取水，仅在再生水出现事故时使用，并不长期使用。因此，本项目取用城南水库水，不会对区域水资源状况造成大的影响，但由于城南水库引黄河水占用了农业灌溉水源，用水企业须按规定与其他水库用水户一起进行补偿。

（三）结论

由以上分析可知，本项目取用临清市碧水污水处理厂再生水，加大了临清市非常规水源的利用量，减少了新鲜水的取用量，可促进临清市水资源的优化配置，不会对其他用户造成影响；项目生活和消防用水取用临清市自来水厂的自来水，项目建设单位与自来水厂签订了供水协议，临清市自来水厂剩余供水能力能够满足本项目的取水要求；以城南水库作为生产用水的备用水源，在保障已有用水户用水前提下能够满足本项目需求。本项目取用自来水量较小，不会对其他用户造成影响，不会对区域水资源状况造成大的影响。占用位山三干渠所控制灌区农业灌溉用水，须按规定进行补偿。

二、退水影响论证

（一）退水系统及组成

本工程的退水主要有生活污水、生产废水、雨水等。本工程退水系统采用雨污分流制。设独立的生活污水排水系统、工业废水排水系统和雨水排水系统。

1. 生活污水排水系统

生活污水排水系统主要收集厂区办公区、食堂、宿舍的生活污水,生活污水经生活污水下水道汇集后进入生活污水处理站,处理后回用。

2. 工业废水排水系统

工业废水排水系统主要收集生产建筑物产生的符合排放标准的废水和厂区沟道内的积水,经工业废水下水道汇集后进入工业废水处理间集中处理,然后回用,不能回用的外排至中冶银河污水处理厂。

3. 雨水排水系统

雨水排水系统主要收集主厂房屋顶雨水和厂区部分地面雨水,雨水经雨水下水道汇集后进入排水泵房前池,经排水泵房内的排水泵排至厂外城市污水管网。

(二)退水总量、主要污染物排放浓度和排放规律

本项目退水为工业废水和循环冷却用水,夏季工况下的退水量为 399.39 m^3/h、春秋季工况下的退水量为 375.39 m^3/h、冬季工况下的退水量为 363 m^3/h。本项目夏季工况、春秋季工况和冬季工况下的运行小时分别为 2 160 h、1 278 h 和 2 880 h,则夏季工况下的退水量为 86.27 万 m^3/a,春秋季工况下的退水量为 47.97 万 m^3/a,冬季工况下的退水量为 104.54 万 m^3/a,总退水量为 238.78 万 m^3/a。排水污染因子主要为 pH、悬浮物和 Ca^{2+}、Mg^{2+}、Cl^-、SO_4^{2-} 等各种盐类,详见污水排放浓度表(略)。

(三)退水处理方案和达标情况

1.厂区内污水处理

1)正常工况退水处理方案

本工程废水主要包括生活污水、锅炉补给水处理用水废水、含油废水、酸碱废水、含煤废水、脱硫废水、循环水排污水等,拟按照"清污分流""一水多用"的原则对各类废水进行收集处理,然后回收利用,正常情况下厂区有锅炉补给水处理用水废水和循环水排污水外排。

各类废水处理措施如下:

(1)生活污水采用接触氧化处理工艺,选用地埋式一体化处理设施,设计出水水质 $BOD_5 < 10$ mg/L,SS < 10 mg/L。

（2）含油废水选用 1 台出力为 5 t/h 的油水分离器处理,采用波纹板液/液相分离技术,处理后的水含油浓度小于 5 mg/L。

（3）酸碱废水中和处理至 pH 为 6～9。

（4）输煤系统冲洗废水选用 2 套单台出力为 30 t/h 的煤水处理装置,输煤冲洗水先进入煤场含煤废水调节池内,经沉淀和粗分离后进入煤水处理装置进行处理,处理后水中悬浮物浓度小于 10 mg/L。

（5）脱硫废水经中和、反应、絮凝后进入浓缩澄清池处理至达标。

（6）本项目外排污水为锅炉补给水处理用水废水和循环冷却用水,主要污染因子为盐类,不含其他有害物质,其含盐量较高,但满足《污水排入城镇下水道水质标准》(CJ 343—2010)。

2）事故状况退水处理方案

除工况下正常退水外,电厂其他重要环节突发水污染事故情况也有发生。为此,在本项目厂区内设计建设一座约 3 000 m³ 的事故废污水缓冲池。电厂重要的原辅料、成品半成品等在运输、生产、贮存环节中容易引发水污染突发事件的各个节点,包括油库、化学药品库、硫酸库、消防水等,均与该事故废污水缓冲池建立连接。当污水处理设备出现事故时,立即切断供水水源,临时将污水收集存放在场内事故废污水缓冲池内,并立即对设备进行检修,待设备运行正常时再将调节池内的污水重新处理,防止对附近地表水体造成污染。

当企业发生非正常排污且污水总量已超出事故废污水缓冲池最大存储容量,或特殊污染物现阶段无法处理,不得不将多余的超标污水直接排入河道,进而导致排污突发事故发生时,立即停产并采取相应的补救措施,力争将影响降至最低点。

2. 外排污水处理方案

外排污水最终排入中冶银河污水处理厂(原名临清市综合污水处理厂)统一处理,建设单位与该厂签订了污水接收协议。

中冶银河污水处理厂位于临清市市区西北部,距市区 3 km,占地面积近 300 亩,负责处理中冶纸业银河有限公司生产废水,总设计处理能力为 10 万 m³/d,共分三期设计。其中,一、二期污水采用卡鲁塞尔型生物氧化沟处理工艺,处理能力分别为 5.0 万 m³/d 和 2.5 万 m³/d;

三期污水采用 IC 反应罐 + 氧化沟工艺,处理能力为 3.0 万 m^3/d。经上述工艺处理后的中水再经过絮凝沉淀、臭氧氧化、活性炭过滤、膜处理等工艺深度处理后,出水达到《山东省海河流域水污染物综合排放标准》(DB 37/675—2007)规定的第二类污染物二级排放标准,深度处理能力为 10.0 万 m^3/d。

目前,中冶银河污水处理厂日处理生产废水量为 6 万 ~7.5 万 m^3,纸业公司回用 4 万 m^3,排放 3 万 ~3.5 万 m^3。经山东省分析测试中心取样分析评价,该污水处理厂出水水质达到《城镇污水处理厂污染物排放标准》(GB 18918—2002)一级 B 标准。

综上可知,中冶银河污水处理厂现状日处理能力为 10 万 t,实际最大日处理量为 7.5 万 t,富余日处理能力为 2.5 万 t。而本项目最大日退水量为 0.96 万 t(夏季工况 24 h 运行计列),在该处理厂富余能力范围之内,满足本项目退水要求。项目建设单位与该污水处理厂已达成退水协议。

据山东省环境保护局《关于临清市综合污水处理厂及污水收集管网、中水回用工程项目环境影响报告书的批复》(鲁环审〔2005〕78号):中冶银河污水处理厂 COD、氨氮排放量分别控制在 1 825 t/a、228 t/a 以内;山东省环保厅《关于临清市综合污水处理厂及中水回用工程竣工环境保护验收的批复》(鲁环验〔2012〕18 号):中冶银河污水处理厂 COD、氨氮排放量分别为 519.6 t/a、14.5 t/a,符合环评批复要求。根据临清市人民政府《关于印发临清市"十二五"期间主要污染物排放总量控制实施方案的通知》(临政发〔2012〕68 号):中冶银河污水处理厂的 COD 和氨氮控制指标分别为 1 160 t/a 和 32.56 t/a。由此可见,中冶银河污水处理厂 COD、氨氮总排放量控制指标为 1 160 t/a 和 32.56 t/a。

目前,中冶银河污水处理厂的排水按 3.5 万 m^3/d 考虑,根据中冶银河污水处理厂的水质检测报告,计算得出其 COD 和氨氮的年排放量分别为 383.25 t 和 5.62 t;本项目最大日退水量为 0.96 万 t,退水进入中冶银河污水处理厂,出水水质按一级 B 标准考虑,则 COD 和氨氮的年排放量分别为 143.27 t 和 19.1 t。考虑本项目后中冶银河污水处理厂的 COD 和氨氮的总排放量分别为 526.52 t/a 和 24.72 t/a,小于该厂 COD 和氨氮总排放控制指标 1 160 t/a 和 32.56 t/a。因此,接收本项目退水后中冶银河污水处理厂的污染物排放量可以满足污染物排放总量控制要求。

(四)退水对水功能区和第三者的影响

1. 厂区退水对水功能区和第三者的影响

本项目产生的污水不直接排入附近河流,而是进入中冶银河污水处理厂,处理后经临清市总退水口进入卫运河人工湿地,进一步净化后进入卫运河。退水涉及卫运河鲁冀缓冲区,该水功能区水质目标为Ⅲ类,限制纳污控制指标 COD 为 5 887.8 t/a、氨氮为 183.48 t/a。

本项目从临清市碧水污水处理厂取用再生水 1 045.13 万 m³/a,减少了碧水污水处理厂的排水量;生产退水 238.78 万 m³/a,外排至中冶银河污水处理厂,增加了中冶银河污水处理厂的排水量。但是临清市碧水污水处理厂和中冶银河污水处理厂共用一个排污口——临清市总退水口,并不因为项目排水新设排污口。因此,本项目建成达产后年净减少污水排放量 806.35 万 m³/a。

临清市碧水污水处理厂的出水达到《城镇污水处理厂污染物排放标准》(GB 18918—2002)一级 A 排放标准,中冶银河污水处理厂的出水水质达到一级 B 排放标准。因此,本项目建成达产后年减少外排卫运河 COD 达 379.297 t、氨氮 33.15 t。

由上可见,本项目取用再生水,减少了 COD 和氨氮的排放总量,有利于卫运河水功能区限制纳污控制的实施,对第三者也不产生直接影响。

2. 灰场对水环境影响

1)灰场对地下水的影响

本工程采用干贮灰方案,利用东柴庄废弃的窑坑,为平原式干灰碾压灰场,灰经调湿后运至贮灰场,周围设置碾压匀质土坝。在晴天无雨的情况下,灰场灰体含水量小于灰体的饱和含水量(约57%),故灰体与下部砂层的水力联系以地下水毛细上升为主,灰场底部水份运输以向上蒸发为主,在蒸发作用下,其水分不断向上蒸腾,需喷洒水湿润灰面,防止二次扬尘,由于喷洒水量较少,灰场不会有水渗入地下,故不会影响地下水。在降雨情况下,灰场雨水有可能穿过灰场地层,进入灰场地下进而影响地下水。以往干灰碾压试验研究结果表明,压实灰体具有较好的保水性,具有一定厚度,压实灰体一次降水难以形成重力入渗,一般降雨时雨水基本被灰体吸持,只有在灰场运行初期遇到连续大降雨时,灰场雨水才可能渗入地下。

为了防止灰场雨水下渗,隔断灰体与地下水的接触污染,杜绝或减少初期淋溶水对地下水系造成污染,须加强对灰场的防渗处理。根据地质勘探报告,东柴庄灰场地层主要为粉质黏土及粉土,部分区域夹粉砂层,灰场没有相对稳定连续的隔水层,需采取防渗处理。本工程采取铺设聚乙烯复合土工膜(两布一膜)方案:对库底清基整平后,分层铺垫并压密厚度为 0.3 m 的黏性土,然后在其上铺设聚乙烯复合土工膜(两布一膜),最后膜上再铺厚度为 0.5 m 黏性土并压实,以保护土工膜,最终使其(人工防渗层)具有相当于渗透系数 1.0×10^{-7} cm/s 和厚度 1.5 m 的黏土层的防渗性能,以满足《一般工业固体废弃物贮存、处置场污染控制标准》(GB 18599—2001)的要求。

2)灰场对地表水的影响

本工程采用干除灰方式,灰场采用调湿灰碾压方式,干灰场设计中采用灰坝,防止洪水直接进入灰场。灰场本身的排水是指雨水的排泄,由于干灰具有良好的吸水性及保水性,在一般降雨或遇短历时暴雨时,雨水将被含蓄在灰体内慢慢蒸发,在连续长时间降雨或特大暴雨时,一部分雨水渗入灰体,一部分将形成表面径流沿灰面漫流,因而灰场内拟设两条盲沟,将灰场的表面径流排至场外,灰堆内部的积水通过排水竖井排出灰场外部。对于灰库内雨水应设收集水池,回用于灰场喷洒,以免对灰场下游造成污染,采取措施后灰场对地表水基本无影响。

(五)退水口设置合理性与退水风险分析

1. 退水口设置合理性分析

本建设项目所排污水,不直接排入附近河流,而是进入中冶银河污水处理厂。中冶银河污水处理厂排水水质符合相关标准要求。因此,工程退水方案是合理的。

2. 退水风险分析

在项目的正常工况下,本项目退水总量为 238.78 万 m^3/a,如果出现非正常工况,应有相应的对策和措施。退水风险分析就是在项目规划阶段分析非正常工况下事故性排污风险后果,分析项目承担和抗御风险的能力,考察项目正常运行排水的稳定性,确保项目正常运行、决策可靠,确定风险应对措施,避免损失。

1) 污水处理设备风险及影响分析

电厂污水处理设备会受到自然灾害影响,自然灾害达到一定的程度势必会对构筑物造成破坏,影响正常的运行,污水也可能溢流于厂区或附近地区,造成局部污染。在电厂污水处理系统内,因机械设备或其他故障而造成污水处理设备不能正常运行时,污水就会从系统中溢流至附近的水体中,致使附近地表水系受到污染。本项目污水处理设备一旦出现事故,将可能会导致污水外排,污染附近地表水体。

2) 应对措施

健全污水处理操作岗位的安全措施,并加强管理,制定污水处理设备事故应急预案,使操作人员能重视起来并认真遵守。一旦发现污水处理设备出现故障,应及时组织技术力量查找事故原因,及时进行抢修,在最短的时间内让污水处理设备恢复正常。

本项目厂区设计建有约 3 000 m^3 的事故废污水缓冲池,污水处理设备一旦出现事故,应立即切断供水水源,厂内出现污水溢流,临时将污水收集存放于场内供水调节池内,并立即对设备进行检修,待设备运行正常时再将调节池内的污水重新处理,防止对附近地表水体造成污染。

电厂成立风险事故应急处理领导小组,由管理者代表任组长,组员由生产管理中层环保管理人员、工程部及环境事故易发生单位的人员组成,负责环境事故处理的指挥和调度工作;定期进行设备、管网检修,加强管理、杜绝滴漏、堵塞现象发生;杜绝环境风险事故发生。

当企业发生非正常排污且污水总量已超出缓冲池最大存储容量,或特殊污染物现阶段无法处理,不得不将多余的超标污水直接排入河道,进而导致排污突发事故时,企业方面应立即启动排污突发事故应急预案,并采取相应的补救措施,力争将影响降至最低点。

三、水资源保护措施

(一)工程措施

1. 加强节水措施

根据电厂各用水点的水量和水质要求,对电厂排水进行不同方式的处理后,再重复利用。本工程设计中考虑以下节水原则:加强水务管理设计,降低用水指标;加强废水梯级利用,重复利用等。具体节水措施如下:

(1)除灰系统采用干除灰方案。

(2)厂内设废污水处理装置,废污水处理后回用。

(3)输煤系统废水处理后重复利用。

(4)冷却塔内装设轻型塑料除水器,降低冷却塔风吹损失。

本工程的各项节约用水设施要与主体工程同时设计、同时施工、同时投产,接受水行政主管部门的设计评审和竣工验收。

2. 开展清洁生产,减少用水量和实现污水"零"排放

根据本工程的实际情况,按照生产工艺对用水量及水质的要求,结合水源条件,从节约用水,保护环境,确保电厂长期、经济、安全运行的目标出发,工程设计应落实节水减污方案,主要用水工艺、环节应安装用水计量装置,按照批准的用水计划用水。同时,要根据行业技术进步要求,进一步强化内部管理,积极开展清洁生产,不断研究新的节水减污清洁生产技术,以最大限度减少废污水的排放量。

3. 完善灰场水资源保护,实施灰渣资源化利用

灰场设专人管理,为防止灰场污水下渗污染地下水资源,本工程灰场须采取以下措施:

(1)尽量对灰渣进行综合利用(如用于筑路、回填、制造建筑材料等),以减少灰渣的堆放,减轻灰渣对环境的影响。

(2)运到灰场的调湿灰要及时摊铺和碾压,保证灰面平整,增强灰面的抗风能力。

(3)灰场设置洒水系统,根据现场实际情况进行洒水,保证灰面含

水量,增大灰粒间凝聚力。

(4)对灰场周边进行绿化保护,建设防风林带,以减小风吹影响,同时对灰体不断形成的永久边坡,及时覆土种草,阻滞风力,防止起尘,避免污染周边环境。

(5)根据灰场的布局制订完整的堆灰计划,例如为操作人员指明操作规程、定期操作进度表、制定安全措施等。

(6)加强水土保持及环境保护监测,定期测定飞灰污染和排渗水质的有关数据,便于进行有效控制。

(7)加强灰场防洪措施,汛期应做好防汛抢险的一切准备,对灰场坝体及排水系统加强检查,暴雨期间,值班人员应昼夜不间断巡查,灰场防汛物资及工具备齐专用。

(8)在灰场周边设置地下水水质监控井,定期监测地下水水质变化,观测灰场防渗效果及渗漏情况。

建议电厂切实加强对灰场的管理,做好对地下水的监测工作,积极探索开展灰渣和脱硫石膏的综合利用,有效减少灰渣堆积体积,减轻灰场的贮灰压力,延长灰场的使用年限。

4. 污染风险控制

建议全厂工艺装置、公用工程、储存系统等均采用 DCS 集散型控制系统,各主生产装置内采用安全可靠的、独立于控制系统之外的安全仪表系统(SIS),在易发生可燃、有毒气体泄漏和易聚集的场所,设置可燃气体、有毒气体检测探头,信号送至 DCS 显示报警。主要生产装置设置安全阀、爆破板、阻火器等安全泄放及阻火设施。建立环境风险事故三级防控措施:一级防控措施为生产装置区围堰、初期雨水收集池和贮罐区防火堤;二级防控措施为消防废水收集池和事故应急池;三级防控措施为厂外事故水池。

事故废污水缓冲池应进行严格的防渗处理,采取土工膜碾压、黏土防渗等措施,必要时应采用防渗水泥对池底、池四周进行强化处理。为了防止事故池渗漏对地下水造成污染,应进行事故池区域的地下水质监控,监测井位于事故池周围 100 m 内,监测参数为 COD_{Cr}、F^-、SS、活性氯、重金属、硫化物、BOD_5 等,每季监测一次。

(二)非工程措施

1. 严格执行取水许可管理,积极接受监督管理

本工程应向有关部门申请取水许可,严格按照核定取水量取水,按计划用水,加强取、退水水量、水质管理,同时应按照取水许可管理要求,建立齐全的有关资料档案,并接受水行政主管部门的取水许可监督和管理,按期年审。

电厂用水过程要纳入当地政府水行政主管部门和环保部门的管理范围,随时接受有关管理和监察、监测部门的检查考核,并建立旬报、月报制度。

2. 加强电厂水务管理

本工程建成后,建议设立强有力的监管机构。建立健全全厂水务管理制度,制定严格的目标和执行标准,严格按制度考核管理,强化节水和水环境保护意识,将管理作为电厂运行管理中对各车间考核管理的重要内容,用水指标应作为一项重要的考核指标。加强运行中的管理与监控,设置水务监测机构。各主要系统用水点设置自动或手动监测设备,将监测信号传给检测中心,掌握全厂用水适时情况,并进行监督管理,以求合理利用水资源,保护水环境,保证电厂长期、安全、经济地运行,充分发挥本工程的经济效益和社会效益。

3. 加强职工教育培训

本工程及配套工程在建设、施工、运行管理中应积极宣传《中华人民共和国水法》《中华人民共和国环境保护法》等法律法规,对职工进行教育和培训,提高职工的环境保护、清洁生产、节约用水意识和技能。同时进行广泛宣传报道,提高人民群众的环境保护意识。

建议从思想意识与生产技能两方面对员工进行教育和培训,使员工认识到水资源保护工作的重要性,确保能从管理、生产方面做到水资源保护。

4. 制订应急预案

针对存在的风险,制订相应的应急预案,杜绝各类事故废水外泄。

第四章 一般工业项目水资源
论证示例二

本书选取由山东省水利科学研究院承担编制完成的《龙口某公司2×50 MW半焦发电项目水资源论证报告书》为例,就其主要章节加以介绍,以示一般工业项目多水源联合供水时的水资源论证过程,包括矿坑涌水水源论证、地表水水源论证和自来水水源论证。

第一节 项目简介

建设项目位于山东省龙口市,采用2台350 MW高温高压抽凝式汽轮发电机组,2台高温高压循环流化床锅炉,投产后具有发电、供热、供汽等多项功能。根据水利部和国家发展计划委员会颁布的第15号令《建设项目水资源论证管理办法》的要求,业主单位于2014年1月委托甲级资质单位开展项目水资源论证报告书的编制工作。2014年8月,报告书通过了烟台市水利局组织的专家技术评审。

经论证核定,该项目合理取水总量为248.66万 m^3/a ,其中生产取水量248.13万 m^3/a 、生活取水量0.53万 m^3/a 。生产用水由龙矿集团北皂矿矿井涌水(90.35万 m^3/a)和迟家沟水库地表水(157.78万 m^3/a)联合供给,生活用水由龙口市市政自来水(0.53万 m^3/a)供给。本项目生活污水经处理后回用于龙福公司熄焦用水;正常生产时化学水处理系统排污水经处理后全部回用;循环冷却排污水主要污染物为 Cl^- 、全盐量,浓度分别为299 mg/L、1 662.68 mg/L,其他污染成分较轻,作为清净下水排入雨水管道。

根据项目取水水源及用、耗、退水情况,确定该项目取水水源论证范围。矿井水疏干排水取水水源论证范围为北皂矿所在水文地质单元,地表水取水论证范围为迟家沟水库集水流域;取水影响范围为北皂矿所在水文地质单元、迟家沟水库灌区、迟家沟水库供水区域。本项目淡水取水无外排废水,不设退水口,项目退水论证范围项目所在厂区周边区域。在论证时,以2012年为现状水平年,2020年为规划水平年。

第二节　水源方案与水源论证方案

一、水源特点与方案优选

根据龙口市水资源及水利工程现状,本项目潜在的水源有当地地表水、浅层地下水、矿坑疏干排水和污水处理厂再生水。这些水源具有以下特点:

(1)龙口市现状年当地地下水资源开发利用程度已达到42.6%。根据龙口市最严格水资源管理制度要求,2013年龙口市地下水用水总量指标为6 000万 m^3 ,现状年地下水用水规模已接近地下水用水总量控制指标上限,并且以地下水作为工业项目的主要供水水源不受国家及山东省水资源政策鼓励,不宜作为本项目的供水水源。

(2)龙口市现状年当地地表水资源开发利用程度为39.1%,迟家沟水库位于龙口市卢头镇寺后乔家村南,泳汶河支流南栾河中游,是项目区周边最近的中型水库,水库以防洪为主,兼顾农业灌溉、城市供水等。根据鲁计重点〔2003〕1111号文批复的《山东省胶东地区南水北调东线工程初步设计》,烟台市年总分配水量为9 650万 m^3 ,其中龙口市年分配水量为1 300万 m^3 ,南水北调工程竣工后,计划在每年1月21日至4月21日(共91 d)向迟家沟水库调水800万 m^3 (平均日调水量为8.79万 m^3)。本项目将于2016年7月投产,因此迟家沟水库在南水北调东线一期工程龙口市续建配套工程调水条件下,可以作为本项目的主要供水水源。

(3)北皂煤矿位于本项目厂址东南40 m处,是龙矿集团骨干生产矿井之一。在采矿过程中会有一定量的坑道排水,可以经处理后充分利用。随着开采达到预定设计产量,矿坑涌水量会有所增加,并逐渐稳定。北皂矿矿坑排水经北皂矿污水处理厂处理后进入本项目厂区生产用水净水站,可供给本项目生产使用。

(4)龙口市目前暂无专用中水回用管道实现再生水利用,污水处理后主要用于河道的生态修复用水、观赏性及娱乐性景观环境用水、湿地环境用水等,从技术经济角度不适宜专门铺设中水回用管道作为本项目的取水水源。

(5)本项目虽然位于沿海地区,从技术经济的角度,循环冷却水系统不适宜采用海水直流冷却。而且本项目取用处理后的矿井疏干水作为一部分生产用水水源,能够在一定程度上节约淡水资源,符合当地水资源优化配置管理的要求。

综上所述,本项目最佳水源方案为:生产用水优先采用处理后的北皂矿矿坑疏干排水(主要用于循环冷却系统),不足部分采用迟家沟水库地表水;生活用水取自当地市政自来水供水管网。

二、水源论证方案

对用水合理性分析核定后,该项目设计年用水量248.66万 m^3,其中生产用水248.13万 m^3/a,生活用水0.53万 m^3/a。生产用水优先取用处理后的北皂矿矿井疏干排水,其余生产用水取自迟家沟水库地表水;生活用水取自当地自来水供水管网,供水保证率为97%。

生产用水拟由矿井水和迟家沟水库地表水联合供水,其中取用矿坑水水量90.35万 m^3/a,取用迟家沟水库水量157.78万 m^3/a。根据项目取水要求和水源情况确定本次水源论证方案如下:

(1)根据北皂矿矿区水文地质条件和历年排水量资料,分析矿井正常涌水量,论证本项目取用矿井涌水的可靠性。

(2)迟家沟水库为中型水库,无水文站,本次论证采用水文比拟法,依据王屋水库实测资料,推求迟家沟水库入库流量,考虑迟家沟水库现状用水户用水情况和本项目用水需求,通过对迟家沟水库单库长系列调节计算,以及迟家沟水库与北邢家水库联合调度运行,分析论证本项目取用迟家沟水库地表水的可靠性。

(3)对龙口市自来水有限公司的供水能力进行分析,对其水质进行评价,分析其作为生活取水水源的可靠性。

第三节　矿坑涌水水源论证

一、北皂煤矿概况

(一)井田位置与范围

北皂煤矿于 1983 年 12 月建成投产,至今已经开采 20 多年,位于山东省黄县煤田西北隅,行政区划属于山东省龙口市龙口经济开发区。北皂煤矿东以第 11、21 勘探线与柳海井田为界,西至各煤层隐伏露头线,南与梁家煤矿和桑园煤矿毗邻,北至渤海内的煤层露头,东西长约 5.5 km,南北宽约 6.0 km,面积约 29.63 km²,其中海域部分 19.24 km²,陆域部分 10.39 km²。中华人民共和国国土资源部于 2006 年 12 月颁发了采矿许可证,证号为 1000000620143,矿区范围共由 35 个拐点控制,开采深度为 -90 ~ -550 m 标高。

北皂煤矿向南约 2 km 为烟潍公路、6 km 为威乌高速公路,与省内公路网相连,东距烟台 125 km,大莱龙铁路从矿区中部通过,西距龙口港 1.5 km,经龙口港可与国内外港口连接,水、陆交通方便。

(二)煤矿设计建设情况

1975 年山东省煤炭设计院对龙口一井田进行了矿井设计,定名为北皂煤矿,设计井型为 90 万 t/a,服务年限为 72 年。1976 年 10 月 5 日破土动工,由原龙口矿区工程处施工;1983 年 12 月 16 日建成投产,初期投产为二采区,1989 年超过 90 万 t 的设计生产能力,1990 年后产量突破百万吨。

开拓方式为在工业广场内开凿一对中央立井,双水平开拓,一水平为 -175 水平,开采煤₁油₂和煤₂层,二水平为 -250 水平,开采煤₄层。全井田划分为上组煤 4 个采区,下组煤 4 个采区,采区为前进式由近而远向井田边界回采。截止投产时井巷掘进总长度 23 829 m。

二水平方案设计由中国煤炭经济学院设计,并经山东省煤炭局批准,1997 年首采面 4303 工作面正式投产。

2000 年北皂海域扩大区划归北皂煤矿开采后,由煤炭部济南设计院设计进行了海域－350 水平方案设计,并经山东省煤炭工业局批准,2001 年 1 月开始进行海域开拓,2005 年 6 月首采面 H2101 工作面开始进行试采,到 2007 年已完成了 H2101 和 H2103 两个工作面的安全试采。

开采方式初期为炮采和高档普采,后逐渐过渡到现在的综采和综采放顶煤开采。

(三)煤矿资源储量情况

矿井地质条件相对比较复杂,井田构造以断裂为主,褶曲构造较发育,所揭露断层均为正断层;矿井防治水的重点是采空区积水和煤系地层含水层水,工作面正常涌水量一般小于 5 m^3/h,生产过程中揭露点的出水点最大为四采油$_2$集运巷,涌水量为 60 m^3/h。

1996 年陆地矿井生产地质报告总资源储量为 13 992.1 万 t。经过矿井 10 年来的开采、海域扩大区的划入、海域三维地震勘探、煤$_1$和煤$_3$重新估算等,本次报告估算的矿井总资源储量比 1996 年地质报告估算的总资源储量增加了 10 971.0 万 t,

经重新核实估算,截至 2007 年年底,北皂煤矿煤、油页岩储量4 820.2万 t(陆地 1 577.4 万 t,海域 3 242.8 万 t),保有资源储量24 850.5 万 t(陆地 8 087.0 万 t,海域 16 763.5 万 t),其中基础储量6 426.9 万 t(陆地 2 103.2 万 t,海域 4 323.7 万 t),资源量 18 423.6 万 t(陆地5 983.8 万 t,海域 12 439.8 万 t)。

累计探明煤炭资源储量 22 093.3 万 t,油页岩资源储量 8 590.0万 t。

根据矿井现核定生产能力 225 万 t/a 计算,矿井剩余服务年限为15.3 年。

二、矿区水文地质条件

(一)矿井地质

北皂煤矿位于龙口向斜的北翼,地层整体呈一走向近 EW,向 S 倾斜的单斜构造,地层倾角 5°～45°,一般小于 10°。井田内发育次一级宽缓褶曲。主要含煤地层为新生代古近系,煤系地层之上覆盖较厚的第四系。矿区地层由下而上依次有中生界下白垩系青山组(K1q)、古近系(E)和第四系(Q)。

北皂井田位于黄县煤田的西北隅、龙口向斜的北翼,地层呈一整体走向近 EW,向 S 倾斜的单斜构造,西部及北部为古近系隐伏露头,草泊断层位于南部。井田内次级褶皱发育,褶曲轴短、宽缓,以 SEE 向和 NNW 向为主;断层密集,均为正断层,多呈雁行式排列。井田内褶曲构造较发育。

（二）区域水文地质概况

北皂煤矿矿区位于龙口山前冲积平原,南及东部为低山丘陵区,标高 +62.00 ~ +693.80 m,西部及北部濒临渤海,地表出露第四系地层。区域内自东向西有黄水河、中村河等季节性河流,河流均由东南向西北流入渤海。南及东部低山丘陵区有花岗岩、片麻岩、板岩、结晶灰岩出露,直接接受大气降水的补给,为区域地下水补给区。古老地层中的裂隙水、岩溶水通过黄县断层和北林院洼沟断层缓慢补给煤系地层各含水层和第四系砂砾层,然后向北、西方向径流,泄入渤海。评价区在区域水文地质单元中属地下水排泄区,区内工农业用大量开采地下水,导致第四系地下水已形成大范围的降落漏斗,在沿海发生海水入侵,引起水质恶化。主要含水岩组概述如下。

1. 第四系松散岩类孔隙含水岩组

第四系松散岩类孔隙含水岩组主要分布于区域黄水河、泳汶河、界河河谷平原和滨海平原。含水层主要为第四系松散砂砾石及砂层等。

1）丘陵坡麓冲洪积、坡残积层孔隙含水亚组

丘陵坡麓冲洪积、坡残积层孔隙含水亚组分布于南部低山丘陵坡麓及山间谷地,山间盆地边缘的冲沟内。堆积物岩性主要为冲洪积,厚度一般为 1 ~ 10 m。水位埋深 1 ~ 3.4 m,地下水类型属浅埋藏孔隙潜水,富水性较弱,单井涌水量一般为 10 ~ 100 m³/d,地下水类型主要为 HCO₃·Cl—Ca·Na 水,矿化度 150 ~ 530 mg/L。

2）山间及山前河谷冲积层孔隙含水亚组

山间及山前河谷冲积层孔隙含水亚组分布于黄水河、泳汶河、界河

中下游地段。堆积物厚度一般为 5～25 m。含水层为中粗砂含砾石，具多层结构。地下水类型属潜水、微承压水，水化学类型多为 HCO_3·Cl—Ca·Na，矿化度一般小于 500 mg/L。

3）山前平原冲积、冲洪积孔隙含水亚组

山前平原冲积、冲洪积孔隙含水亚组主要分布于区域南部的山前地带，沿山前丘陵展布。山前平原冲积、冲洪积孔隙潜水的水化学类型为 Cl·HCO_3—Na 水，矿化度小于 1 000 mg/L。

4）滨海平原海积层孔隙含水亚组

滨海平原海积层孔隙含水亚组分布于沿海低洼地带，为海相黑灰色含大量贝壳碎片的淤泥质砂，厚度一般为 2～5 m，局部为海陆交互相淤泥或夹砂、砾石。滨海平原海相地层含盐量大于陆相地层，其水化学类型一般为 Cl·HCO_3—Ca·Na 水，矿化度一般小于 1 000 mg/L。海相地层中的咸水分布于莱州湾一带，地下水的矿化度较大，一般为 2 110～5 900 mg/L。

2. 基岩裂隙含水岩组

1）层状岩类裂隙含水亚组

层状岩类裂隙含水亚组赋存于胶东岩群、荆山群、粉子山群、蓬莱群等的斜长角闪岩、黑云变粒岩、长石石英岩、板岩之中，多处于低山丘陵、准平原区。该类型水质良好，水化学类型多为 HCO_3·Cl—Ca·Na 水或 HCO_3—Ca 水，矿化度小于 500 mg/L。

2）块状岩类裂隙含水亚组

块状岩类裂隙含水亚组赋存于花岗岩类风化裂隙中，主要在南部低山丘陵区。地下水埋深一般不超过 10 m。补给条件贫乏，富水性极弱。水化学类型一般为 HCO_3·Cl—Ca·Na 水，矿化度一般小于 1 000 mg/L。

3）喷出岩孔洞裂隙含水亚组

喷出岩孔洞裂隙含水亚组赋存于新近系尧山组橄榄玄武岩的孔洞裂隙中，分布零星、面积很小。岩石富水性很好。水化学类型多为 HCO_3·Cl—Ca·Na 水或 HCO_3·Cl—Ca·Mg 水，矿化度小于 1 000 mg/L。

4) 碳酸盐岩岩溶裂隙含水岩组

该含水岩组主要隐伏于第四系孔隙含水岩组之下,主要有泥灰岩(泥质白云岩)含水亚组和泥灰岩夹泥岩互层含水亚组。其中,泥灰岩(泥质白云岩)含水亚组呈灰白色—浅灰色,含白云质,夹燧石条带,致密、坚硬,裂隙及小溶洞较发育,厚度为 2.95 ~ 15.09 m,平均厚度 10.37 m。黄县煤田勘探时有 16 个孔漏水,抽水试验单位涌水量 0.125 ~ 0.14 L/(s·m),富水性中等。该含水层受矿井陆地开采疏水影响,水位呈逐年下降趋势,漏斗中心位于陆地。位于海边的地面观 4 长观孔由 2001 年 9 月的 -93.45 m 下降至 2007 年 9 月的 -138.99 m。海域井下观 6 孔从 2006 年 9 月至 2007 年 9 月水位保持在 -136.00 ~ -128.81 m。1978 ~ 1992 年该层水的矿化度由 2 866.7 mg/L 增加至 21 160.0 mg/L,水质类型由 Cl·HCO₃—Na + K 水过渡到 Cl—Na + K 水。该含水亚组主要补给水源为露头区及井田边界的缓慢渗透补给,但补给条件差,长期水位观测及水质变化表明,含水层封闭,以存储量为主,具有疏干的趋势。

泥灰岩夹泥岩互层含水亚组由灰白色泥灰岩夹绿色泥岩薄层组成,块状构造,含白云质高,质地坚硬,遇盐酸微弱起泡,局部为粒屑灰岩,厚 3.65 ~ 11.00 m,平均 5.97 m。由南向北逐渐变薄。水质类型初期为 HCO₃·Cl—Na 水。最大涌水量 8.0 m³/h。该含水层富水性弱。泥岩与泥灰岩互层,水位随矿井开采呈下降趋势。地面观 5 孔 2005 年 8 月为 -109.83 m,到 2007 年 9 月降到 -148.90 m。井下观 1 孔和井下观 2 孔到 2007 年 9 月水位保持在 -158.99 ~ -151.65 m。该含水层矿化度保持在 2 068.81 ~ 3 094.84 mg/L,水质类型为 HCO₃·Cl—Na 水。该含水亚组主要补给水源为露头区及井田边界的缓慢渗透补给,但补给条件差。长期水位观测及水质变化表明,含水层封闭,以存储量为主,具有疏干的趋势。

(三)矿井充水条件

1. 基本条件

井田南部属滨海平原,北部为渤海。陆区地势平坦,地面标高 +0.84 ~ +7.97 m;海区水深 0 ~ 14 m,由南向北渐深。陆区区内无河流,存在本矿采动产生的塌陷积水区。

历史上曾多次发生海潮侵袭,据调查海水入侵范围最大的一次发生在 1913 年 7 月 19 日晚,淹没范围东起敖上村东 750 m 和北皂前村东 200 m,南到敖上南 1 000 m,北至海边。潮位标高 +3.09 m。

自然条件下海陆间形成自然沙脊,海岸线较为稳定,后期由于乱采海岸沙石,原来形成的滩脊受到严重破坏,海岸线已人为向内陆迁移,降低了灾害预防能力。

本井田各煤层及煤系地层含水层露头均隐伏于第四系之下,地表水与煤层及煤系地层含水层无直接接触。

2. 含(隔)水层

1) 基岩中的含(隔)水层

基岩中的含(隔)水层包括基岩隔水层组、煤$_4$含水层、煤$_3$及底板砂岩含水层、煤$_2$及底板砂岩含水层、煤$_1$油$_2$含水层、泥岩夹泥灰岩互层含水层以及泥灰岩(泥质白云岩)含水层。

泥灰岩之上有厚约百米的灰绿色、淡青色泥岩及钙质泥岩,岩性致密,隔水性能好,阻隔了第四系水与煤系地层含水层的水力联系。此外,煤系地层中的泥岩、黏土岩与各含水层相间沉积,阻隔了其间的水力联系。

陆地部分煤$_4$厚 7.45 ~ 10.90 m,平均 9.75 m,向北到海域内逐渐相变为炭质泥岩。海域内煤$_4$平均厚度 2.26 m。建井期间风井井筒掘进至 -84.80 m 时,下距煤$_4$层 1.00 m 左右,煤$_4$水通过黏土岩裂隙涌入井内,最大涌水量 27.6 m³/h,风井回风巷 E$_3$点西 145 m 处施工探水立眼,在孔深 22.50 m 处出水,涌水量 29.7 m³/h。生产过程中井巷施工仅有淋水和渗水,海域井下钻孔揭露水量小于 3 m³/h。水质类型为 HCO$_3$—Na 或 Cl·HCO$_3$—Na 型,矿化度 0.711 ~ 3.543 g/L。该含水层富水性弱,补给条件差,以静储量为主,为煤$_4$开采的直接充水含水层。

煤$_3$油$_3$平均厚 0.73 m,其底板有多层砂岩,黏土质胶结,松散易碎,多呈透镜状赋存。陆地 5 号孔抽水单位涌水量 0.09 L/(s·m),海域井下钻孔揭露该含水层时涌水量不大于 3 m³/h,富水性弱。建井期间风井掘进中,顶板冒落,煤$_3$出水,涌水量 40 ~ 50 m³/h,3 d 后减至 3 ~ 5

m^3/h,距风井 216~217 m 处有淋水,水量为 10 m^3/h 左右。矿井生产过程中巷道掘进揭露煤$_3$底板砂岩时有淋水,水量均小于 3 m^3/h。2007年 1 月 16 日海域 -350 大巷 JK-3 孔监测到水位为 -97 m,在采动破坏煤$_2$底板情况下,该层水有时会补给煤$_2$底板砂岩含水层充入矿井,开采煤$_4$时冒落裂缝影响至该层时也会充入矿井,但其水量不大,在正常情况下不会影响煤层开采。该层水以静储量为主,循环和补给条件较差,易于疏干。该含水层矿化度 9 276 mg/L,水质类型为 Cl—Na 偏 Cl·HCO$_3$—Na 型。

煤$_2$厚 3.51~6.50 m,平均 4.44 m。煤层裂隙发育,煤$_2$底板为黏土岩、砂岩,砂岩以石英、长石为主,分选性极差,黏土质胶结、松散、易碎,18 号孔抽水单位涌水量 0.04 L/(s·m),富水性弱。该含水层易于疏干,生产阶段各采区仅局部有淋水,但水量均小于 2 m^3/h。水矿化度 6 800 mg/L,水质类型为 Cl·SO$_4$(HCO$_3$)—Na·Mg~Cl—Na 型。该层含水层为煤$_2$开采时直接充水含层,其下部距煤$_4$为 78.96 m,正常情况下开采煤$_4$层时冒裂带波及不到该含水层。

陆地部分煤$_1$厚 0.60~1.10 m,平均 0.83 m,油$_2$厚一般 5.00 m 左右,海域内揭露煤$_1$厚度为 0.95~1.21 m,平均 1.07 m,油$_2$平均厚度 4.87 m。煤$_1$油$_2$裂隙发育,含裂隙水,但裂隙连通性较差。建井及生产期间,井巷工程揭露该含水层时产生不同程度的涌水,涌水量 3~10 m^3/h,均逐渐减小至干涸。该层水矿化度在 5 300 mg/L 左右、水质类型为 Cl·HCO$_3$—Na,存水以静储量为主,循环和补给条件较差,易于疏干。该含水层为煤$_1$油$_2$开采时直接充水含层,由于该含水层下距煤$_2$和煤$_4$分别为 20.78 m 和 104.18 m,正常开采煤$_2$和煤$_4$时,煤$_2$冒裂带波及该含水层,由于距煤$_4$较远,对煤 4 正常开采影响较少。

泥岩夹泥灰岩互层含水层由灰白色泥灰岩夹绿色泥岩薄层组成,块状构造,含白云质高,质地坚硬,遇盐酸微弱起泡,局部为粒屑灰岩。陆地厚度 7~8 m,向北逐渐变薄,海域平均厚度为 3.90 m。该含水层富水性弱—中等。泥岩与泥灰岩互层水位随矿井开采呈下降趋势。该含水层矿化度保持在 2 068.81~3 094.84 mg/L,水质类型为 HCO$_3$—Cl—Na 型水。该层水以静储量为主,循环和补给条件较差。泥岩夹泥灰岩互层含水层下距煤$_1$、煤$_2$、煤$_4$层分别为 24.70 m、46.32 m、83.40 m,正常情况下,开采煤$_1$油$_2$层时冒裂带波及该层,开采煤$_2$及煤$_4$时,冒裂带波及不到该含水层,但受断层影响,层间距减小情况下,采掘工作面则可能导通泥灰岩含水层,发生泥灰岩水充入矿井。

泥灰岩(泥质白云岩)含水层中泥灰岩,呈灰白色—浅灰色,含白云质,夹燧石条带,致密、坚硬,裂隙及小溶洞较发育,平均厚度 8.21 m。陆地部分勘探时有 16 个孔漏水,占穿过孔数的 21%,主要分布在一、四采区,抽水试验单位涌水量 0.125 ~ 0.14 L/(s·m),富水性中等。建井时,1977 年 9 月 11 日 10:30 掘进主井井筒深度 106.70 m 时打钻探水,当 1 号孔打至 9.50 m 时见 0.20 m 溶洞,打到 10.00 m 时该孔喷水,至 13 日 18:30 停电淹井;1977 年 10 月 21 日 16:30 掘进中迎头水量增大,17:00 在 113.25 m 处涌水量 154 m^3/h,同时发现一直径 0.30 m 的溶洞;1978 年 12 月 23 日 21:02 掘进副井井筒在 116.90 m 泥灰岩顶界处发生突水,水量 210 m^3/h。海域内 4 个孔揭露该层,厚度为 2.95 ~ 5.50 m,平均 4.36 m,泥灰岩质地较坚硬,局部发育的溶蚀裂隙和小溶洞多被方解石脉及黄铁矿充填或半充填。钻进过程中,除 BH1 号孔循环液消耗较大外,其余均未见涌漏水。井下观$_6$位于海域二采回风巷 1$^#$支巷门口,揭露时水量 3 m^3/h。该含水层受矿井陆地开采疏水影响,水位呈逐年下降趋势,漏斗中心位于陆地,水质类型由 Cl·HCO$_3$—Na + K 过渡到 Cl—Na + K。该层水以静储量为主,循环补给条件较差。泥灰岩层煤$_1$、煤$_2$、煤$_4$间距一般分别为 41.18 m、62.80 m、83.40 m。在正常情况下,由于各层间隔水层的存在,煤$_1$、煤$_2$、煤$_4$层开采冒落带波及不到泥灰岩层。但受断层影响,层间距减小情况下,采掘工作面则可能导通泥灰岩含水层,发生泥灰岩水充入矿井。

2)第四系含(隔)水层

本井田第四系地层厚 29.50 ~ 119.70 m,平均 78.08 m,最厚处位于陆地东北角海边。由含水的砾、粗、中、细砂层和隔水的黏土、砂质黏土相间沉积。

第四系松散层自上而下分为一含、一隔和二含,属二含一隔结构。

一含为其上部砂层,分层厚度最大 10.19 m,原勘探时水位标高

1.56～4.20 m,1993 年 5 月水位标高为 - 0.279～ - 1.805 m,南高北低。抽水试验单位涌水量 0.118 6～3.713 L/(s·m),富水性中等至强。1985～2004 年矿化度由 1 146.8 mg/L 增加到 2 344.09 mg/L,平均 1 510.77 mg/L,水质类型由 SO_4·HCO_3—Ca·Mg 型转化为 SO_4·Cl—Na(Mg)型。

二含为其中、下部砂层,该层黏土质含量较高,原始水位标高 1.36～3.26 m。抽水试验单位涌水量 0.249～1.094 L/(s·m),富水性中等。矿化度为 33 637.13～49 446.0 mg/L,水质类型为 Cl—Na(Ca·Mg)型。

一隔位于一、二含之间,为隔水性良好的黏土、砂质黏土,阻隔了一、二含之间的水力联系,但工农业用水又人为地将其沟通。

由于煤系地层之上有较厚的泥岩、钙质泥岩层阻隔第四系水与下部各基岩含水层的水力联系,因此除西北部煤层和各含水层隐伏露头与第四系底部砂砾层水有补给关系外,第四系水对煤层开采无直接影响。

(四)断层及断层破碎带的水文地质特征

1. 断层的富水性

断层带的富水性取决于两盘岩性及断层的力学性质。发育于脆性岩层中时,断层两盘裂隙发育,富水性就好;若发育于软弱岩层中,则富水性差。

北皂井田地层以泥岩为主,黏土质含量较高,岩石力学性质软弱,断层虽具有张扭性,但断层破碎带多为泥质充填,含水性差,因而井田内断层富水性差或不含水。勘探期间在井田四采区北部 1 - 35 号孔曾经抽断层带水,单位涌水量为 0.013 L/(s·m);邻区梁家井田 7 - 4 号孔泥灰岩和断层带混合抽水,单位涌水量 0.001 02 L/(s·m);柳海井田 L3 - 1 号孔泥灰岩和断层带混合抽水,单位涌水量 0.000 7 L/(s·m)。上述抽水结果表明,井田内断层富水性虽好于梁家井田和柳海井田,但总体富水性较差。在矿井生产过程中陆地与海域共揭露落差 20 m 以上的断层 32 条,除草泊断层外,其余断层多数不含水,少数含水性差,其出水点一般在断层附近,在掘进过程中巷道先滴水、淋水,然后见断层,但涌水量少于 3 m³/h,并且易于疏干。

四采区油₂集运巷施工在草泊断层北侧 30 ~ 50 m 处的于煤₁层位,1993 年 3 月 7 日出水,初始水量为 27 m³/h,最大涌水量 60 m³/h,当巷道起坡施工在煤₁顶板含油泥岩层位时,在巷道顶施工的电煤钻眼涌水量 6 m³/h;但 2422 材联、四采下部皮带及联络巷穿过该断层时均未发生涌水,说明井田内个别断层附近富水,但存在不均一性。

2. 断层的导水性

1979 年相邻的梁家井田在精查勘探期间,为了了解断层的导水性,在草泊断层之一的两侧分别布置了 7 - 3 孔和 7 - 4 孔,两孔相距100 m。抽水试验结果:7 - 3 孔静止水位标高 - 35.77 m,7 - 4 孔静止水位标高 - 35.44 m,7 - 3 孔抽上盘泥灰岩水,降深43.09 m,延续 70 h56 min,而 7 - 4 孔的水位无变化,无影响。7 - 4 孔抽断层带和下盘泥灰岩水,水位降深 51.06 m,延续 24 h,而 7 - 3 孔泥灰岩水位也无变化。当 7 - 3 孔穿过泥灰岩见下部断层带时,经过抽水试验,水位标高3.63 m,最大水位降深 61.13 m,延续 24 h,而 7 - 4 孔的水位保持不变,未受影响。7 - 3 孔下部断层带的静止水位标高为 3.63 m,高出地面 1.66 m,而 7 - 4 孔断层带及泥灰岩的水位标高 - 35.44 m,二者水位相差悬殊,同时与 7 - 3 孔泥灰岩水位标高 - 35.77 m 比较,也相差悬殊,证明草泊断层之一的断层带上下连通差,导水性弱。7 - 4 孔断层带及泥灰岩的单位涌水量为 0.001 02 L/(s·m),而 7 - 3 号孔下部断层带和单位涌水量为 0.002 04 L/(s·m),也证明草泊断层之一的导水性弱。

北皂矿井生产过程中揭露落差 20 m 以上的断层 32 条,该类断层纵向切割到泥灰岩,部分延续到风氧化带,上部第四系水未通过断层导入井下。四采油₂集运巷由于靠近草泊断层施工,上部距泥岩夹泥灰岩互层含水层 19 m,岩层较脆,岩层受断层及巷道施工影响,局部裂隙导通泥岩夹泥灰岩互层,1993 年 3 月将该含水层水导入井下,目前涌水量保持在 25 m³/h,受其影响泥灰岩及互层含水层水位产生较大幅度下降,起到了疏干作用。

上述揭露资料表明,北皂井田中发育于以泥岩为主的层位中时,断层附近裂隙不发育或裂隙虽发育但多呈闭合状态,导水性差,绝大多数断层不导水;当发育于以泥灰岩等为主的脆性地层中时,岩层裂隙较发育,在其附近具有形成局部垂向导水的可能,但由于灰岩中夹有泥岩,在一定程度上降低了导水能力。纵观井田内断层,由于地层中泥岩有效阻隔了脆性岩层裂隙的连通性,未发现井田内存在整体导水断层。

（五）相邻矿井开采对本井田的影响

北皂井田范围内无小煤井及古窑,现有的老空区均为本矿井开采所留下的采空区。井田南部与梁家井田相邻,东部与桑园及柳海井田相邻,各边界均留有边界煤柱。梁家井田处于本井田的深部,开采水平低于本矿井,在生产过程中将疏排各含水层的水,使本矿井含水层水位降低,出水量减少,对本矿井生产起到了有利的作用。桑园井田井巷工程与本井田之间存在兴隆庄粉丝厂煤柱,最近距离为 500 m,其开采对本井田无影响。柳海井田目前尚未开发。

（六）海水对采煤的影响

北皂煤矿为典型的"三软"地层,井下采煤后在地面形成大范围与回采工作面走向近似一致的移动盆地,岩层下沉系数达 0.93,这些盆地底部多已降至第四系含水层水位以下,并形成了大面积的积水区,积水区最深可达 8 m 以上,塌陷坑积水与海水具有一定的水力联系,北皂煤矿在塌陷积水区下开采,也是水体下开采的一种实践。

通过 4301、4302 和 4304 三个煤$_4$层综放工作面回采过程中的观测,一是矿井涌水量无明显变化,二是工作面开采附近第四系底部含水层水位观测孔 Q - 1 和 Q - 2 受综放开采影响时,水位呈现下降趋势,但未降至观测以来最低水位以下,停采后又趋于平稳,分析为地层下沉速度影响大于上部水补给造成水位下降。由此可见,第四系底部含水层与地表水水力联系不密切。

4110 工作面位于下组煤一采区西部,采用综放开采,在浅部按规定留设 55 m 的第四系防水煤岩柱,探放顶板砂岩水和工作面回采,均有少量顶板砂岩水,水量在 5 ~ 6 m^3/h,通过对顶板砂岩水水质进行化验,其各项指标介于第四系底部含水层和其他区域同一含水层之间,见表 4-1。

表 4-1　4110 工作面水与其他煤₄顶板少岩水及第四系底含水水质对比

（单位：mg/L）

层位	K⁺＋Na⁺	Ca²⁺	Mg²⁺	Cl⁻	SO₄²⁻	HCO₃⁻	矿化度	pH 值
第四系底部	7 931.5	2 633.5	1 532.5	17 483.3	4 168.5	239.3	33 983.8	7.7
煤₄顶砂岩	1 394.1	12.8	24.8	1 026.0	70.5	2 165.5	4 920.5	8.4
4110 工作面	5 797.5	481.5	420.0	9 831.9	1 251.7	527.0	18 339.4	7.6

从同位素测试看，其 δ 值是煤系地层最接近雨水线的水样，推断其水的来源与大气降雨有一定的关联，有第四系水的弱渗透补给迹象。因此，初步可以确定在煤层露头区域，第四系底部含水层水可以通过渗透形式对煤系地层含水层进行缓慢的补给。煤系地层及基岩层顶部普遍存在一层 5~6 m 的风化带，由于基岩风化带的存在，第四系含水层对基岩含水层的补给水量有限，而且只是通过渗透形式补给，因此只要按规定留设第四系防水煤岩柱，掘进过程中控制好顶板，防止大型冒顶事故发生，第四系水对开采不会构成威胁。

北皂海域扩大区煤系地层是陆地向海域的自然延深，通过勘探资料进一步证实，海域内第四系地层分布比较稳定，并有多层隔水性能较好的黏土类隔水层，海水只有通过第四系才有可能与煤系地层发生水力联系；由于第四系地层内有多层黏土层相隔，故一般情况下海水仅与第四系上部含水层发生水力联系，与基岩含水层无直接联系。经大量深入的研究工作，并安全试采两个工作面，进一步证明海域地层水文地质条件与陆地相似，开采主要受煤系地层含水层影响，煤系地层含水层含水性又较差，浅部开采只要留足第四系防水煤岩柱，第四系水不会对开采构成威胁，海水更不会溃入井下。

三、矿井涌水量预测

（一）矿井涌水量观测数据分析

从 1983 年 12 月 16 日矿井投产以来，对矿井涌水量进行了系统的观测，观测地点主要设在 -175 m 东西大巷、-250 m 大巷与 -350 m

大巷。1984～1998年采用浮标法,1998年增加流速仪,2006年增加使用堰口法和管道流量计。

目前,矿井涌水地点陆地部分主要为 -175 m 水平的一采区、四采下部,-250 m 水平的一采区、四采区和四采下部泄水巷及 -350 m 水平的海域进风井和 -350 m 大巷(详情见矿井涌水量台账)。井下涌水形式以淋水、渗水为主,混入部分生产用水。

2006 年海域矿井开采后,矿井涌水量保持在 80～90 m³/h,其中陆地部分涌水量在 71 m³/h 左右,海域涌水量在 19 m³/h 左右。

矿井主要出水点为 -175 水平的四采区,即四采油₂集运巷和 -260大巷附近,其涌水量为 28～30 m³/h,占矿井总涌水量的1/3;海域主要出水点为进风井 SF -24 断层处泥岩夹泥灰岩互层水,涌水量 7～8 m³/h,也占海域总涌水量的1/3。

北皂矿历年矿井涌水量变化情况见图4-1。

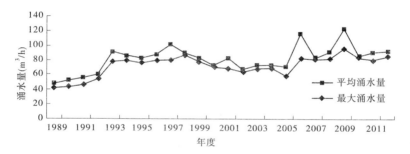

图 4-1　北皂煤矿矿井涌水量变化图

根据《山东省龙口煤电有限公司北皂煤矿生产矿井地质报告》的结论,矿井涌水量变化具有如下特征:

(1)矿井涌水量与大气降水呈零相关。

(2)矿井开采初期,由于煤系地层各含水层水位较高,随开采深度增加,矿井涌水量呈增大趋势,但随矿井采掘过程中揭露和井下疏排水的增大,煤系地层中各含水层水位不断下降,在同一水平开采过程中随时间延长和含水层水位不断下降,矿井涌水量也在缓慢减少,-175 m 水平在四采区投产前表现尤为明显。

（3）随着新区域大面积的开采，特别是增加新的水平，涌水量短期内有小幅度上升，但随开采时间的增长，涌水量又呈小幅度减少趋势，在 -250 m 水平大面积开采过程中明显反映出这一特点。

（4）矿井涌水量峰值变化与采掘工程导通上部泥岩夹泥灰岩互层含水层相关。根据矿井投产以来历史涌水量统计，矿井揭露一个相对较大的出水点，特别是导通上部泥岩夹泥灰岩含水层时，涌水量将平均增大到正常水量的 1.45 倍，如四采油$_2$集运巷和海域进风井受断层影响泥岩夹泥灰岩互层含水层水进入巷道后，矿井涌水量明显增加。

（二）矿井涌水量预测分析

本矿井为立井、多水平、上下山开拓，海陆联合开采，主要回采工艺为走向长壁与倾向长壁式综采放顶煤陷落法开采，今后主要开采 -175 m 水平一采区和四采区的煤$_1$油$_2$层，-250 m 水平的四采区煤$_4$层，-350 m 水平的煤$_2$层。由于海域与陆地间留设了海岸线保护煤柱，海域与陆地区域可分区隔离，并且相对独立，海域又具有独立的排水系统，因此本次涌水量进行海陆分区预计。

1. 陆域矿区矿井涌水量预计

《山东省龙口煤电有限公司北皂煤矿生产矿井地质报告》对陆域矿区矿井涌水量预计时以 -175 m 水平及实际涌水量为基础，采用降深比拟法预测 -250 m 水平涌水量，预测值为 116 m³/h，实际在 1983 ～ 2012 年开采过程中平均涌水量为 71 m³/h，因此预测值 116 m³/h 偏大。

本次根据 1983 ～ 2012 年逐月陆域矿区矿井涌水量的统计数据，采用马尔可夫链预测原理，预测出未来陆域矿区矿井涌水量的稳态变化范围。

马尔可夫链预测算法步骤如下：

（1）划分预测对象所出现的状态。

（2）计算状态转移概率矩阵。

设有 n 个状态 $E_1, E_2, \cdots, E_n$，观察了 M 个时期，其中状态 $E_i (i = 1, 2, \cdots, n)$ 出现了 M_i 次。从 M_i 个 E_i 出发，计算转向状态 E_j 的个数 M_{ij}，进而计算 $p_{ij} = M_{ij}/M_i$，得到 M 时期内一步状态转移矩阵 P，P 满

足 C-K 方程(Chapman-Kolmogorov 方程)。

（3）计算预测对象稳态的状态概率向量。

根据马尔可夫链的遍历性，假设每个周期的转移矩阵都相同，当经过多个周期 T 后，$nT \rightarrow \infty$ 时，P^{nT} 将趋于稳定。因此，由下面方程组即可求得预测对象稳态的状态概率向量 $(p_1, p_2, \cdots, p_n)$：

$$\left. \begin{array}{c} (p_1, p_2, \cdots, p_n) = (p_1, p_2, \cdots, p_n)P \\ p_1 + p_2 + \cdots + p_n = 1 \end{array} \right\} \quad (4\text{-}1)$$

式中：$p_1, p_2, \cdots, p_n > 0$。

根据 1983 ~ 2012 年逐月陆域矿区矿井涌水量的统计数据，采用模糊聚类的方法，将其分为 5 种状态，详见表 4-2 中 x 为矿井涌水量。

表 4-2 1983 ~ 2012 年逐月陆域矿区矿井涌水量的状态分布

状态	A	B	C	D	E
涌水量(m^3/h)	$x < 50$	$50 \leqslant x < 70$	$70 \leqslant x < 85$	$85 \leqslant x < 100$	$x \geqslant 100$
频数	43	94	139	62	11

根据各个状态转移统计出状态转移的频数（详见表 4-3），由此计算出状态转移的概率矩阵 P：

$$P = \begin{pmatrix} 0.767\,4 & 0.232\,6 & 0 & 0 & 0 \\ 0.106\,4 & 0.808\,5 & 0.063\,8 & 0.021\,3 & 0 \\ 0 & 0.043\,2 & 0.827\,3 & 0.115\,1 & 0.014\,4 \\ 0 & 0.032\,8 & 0.278\,7 & 0.573\,8 & 0.114\,8 \\ 0 & 0 & 0.090\,9 & 0.727\,3 & 0.181\,8 \end{pmatrix}$$

表 4-3 状态转移频数统计

初始状态	最终状态				
	A	B	C	D	E
A	33	10	0	0	0
B	10	76	6	2	0
C	0	6	115	16	2
D	0	2	17	35	7
E	0	0	1	8	2

由式(4-1)求解出矿井涌水量最后稳态的状态概率向量(0.123 6, 0.270 1,0.399 4,0.175 3,0.031 6),可以看出,概率最大值在 C 状态,说明未来北皂矿陆域矿区较为稳定的矿井涌水量为 70 ~ 85 m^3/h。

由于陆域开采接近尾声,今后主要回采煤$_4$及煤$_1$油$_2$,采掘工程布设在一采区、四采区,未超过煤$_2$开采范围,所以预计今后陆域正常涌水量不会超过当前陆域涌水量,即 $Q_{陆正常}$ = 71 m^3/h。

由于四采区煤$_1$油$_2$开采过程中将波及泥岩夹泥灰岩互层,根据矿井前期煤$_1$油$_2$开采及掘进涌水变化情况预计回采煤$_1$油$_2$时陆域矿区矿井涌水量将增加 30 m^3/h,即陆域矿区矿井涌水量将达到最大,故预计 $Q_{陆最大}$ = $Q_{陆正常}$ +30 = 71 +30 = 101(m^3/h)。

2. 海域涌水量预计

海域煤田为陆域煤田向北的自然延伸,海陆水文地质条件具有较大的相似性,陆域 23 年的开采涌水量观测成果可作为经验比拟预计后期矿井涌水量的基础。又由于陆域 - 175 m 水平以开采煤$_2$层为主,其下与 - 250 m 水平间距较大,水力联系较弱,海域开采与陆域 - 175 m 水平开采有极大的相似性,所以本次以陆域 - 175 m 水平涌水变化情况为基础,采用比拟法预测海域 - 350 m 水平开采煤$_2$时的涌水量如下:

$$Q_{海正常} = Q_{-175} \times \frac{S}{S_1} = 62 \times \frac{185}{175} = 66(m^3/h)$$

式中:$Q_{海正常}$为海域 - 350 m 水平矿井正常涌水量,m^3/h;Q_{-175}为 - 175 m 水平平均涌水量,Q_{-175} = 62 m^3/h;S 为由 - 175 m 水平降到 - 350 m 水平水位降深,m,S = 185 m(注:海域 - 350 m 水平实际延伸到 - 360 m);S_1 为 - 175 m 水平水位降深,S_1 = 175 m;

根据陆域开采经验,采掘过程中导通上部含水层时,矿井涌水量将上涨 1.45 倍,达到最大值,则

$$Q_{海最大} = Q_{海正常} \times 1.45 = 66 \times 1.45 = 96(m^3/h)$$

3. 矿井涌水量预测

根据海陆分区预计涌水量结果,矿井正常涌水量为 137 m^3/h,最大为 197 m^3/h:

$$Q_{矿井正常} = Q_{陆正常} + Q_{海正常} = 71 + 66 = 137(m^3/h)$$
$$Q_{矿井最大} = Q_{陆最大} + Q_{海最大} = 101 + 96 = 197(m^3/h)$$

四、矿井水处理工艺及出水水质

(一)处理工艺

北皂矿矿坑疏干排水经北皂矿污水处理厂处理后,作为本项目生产用水。根据我国《地表水环境质量标准》(GB 3838—2002)和《污水综合排放标准》(GB 8978—96)的有关规定和当地环保部门的要求确定处理程度,矿井水出水水质为大肠杆菌<3个/L,细菌总数<100个/mL,出水浊度<3 NUT。

由于本项目生产用水优先采用北皂煤矿污水处理厂处理后的矿坑涌水作为工业循环冷却水,因此根据2013年北皂矿矿坑涌水检测结果,采用《地下水质量标准》(GB/T 14848—93)进行评价。2013年12月2日山东省水环境监测中心烟台分中心分别对北皂矿矿坑涌水和龙矿集团北皂煤矿污水处理厂出水口水样进行了水质化验。

检测结果表明,矿坑涌水达到《地下水质量标准》(GB/T 14848—93)Ⅲ类水标准,但其矿坑涌水悬浮物、溶解性总固体、总硬度、总碱度、化学需氧量浓度较高,用作生产用水需要经过处理。矿井涌水处理工艺如图4-2所示。

矿井水处理工艺流程为:

北皂煤矿矿井涌水经北皂煤矿污水处理厂处理后,作为本项目循环水冷却水补充水。本次论证按相关水质标准要求,考察北皂煤矿污水处理厂出水水质作为项目工业用水水源的水质满足情况。

(二)北皂煤矿污水处理厂出水水质

2002年国家颁布《城镇污水处理厂污染物排放标准》(GB 18918—2002)后,要求污水处理厂的出水水质达到一级B标准。北皂煤矿污水处理厂升级改造完成后,设计出水水质执行《城镇污水处理厂污染物排放标准》(GB 18918—2002)一级A标准。2013年11月,山东省环境监测中心烟台分中心对北皂矿污水处理厂的出水水质进行了取样检测,结果表明,北皂煤矿污水处理厂出水达到《城镇污水处理厂污染

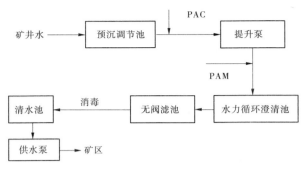

图 4-2 矿井涌水处理工艺流程图

物排放标准》（GB 18918—2002）一级 A 排放标准。

（三）处理后的矿井涌水用作本项目生产用水水质分析

本项目拟取用矿井涌水作为循环冷却水补充水源之一，考虑电厂对冷却水的水质要求是不致结垢、腐蚀和堵塞等，水质中杂质的含量一般要求达到 10^{-6} 级。根据《城市污水再生利用 工业用水水质》（GB/T 19923—2005），再生水用作循环冷却补充水需满足该规范中相关水质控制指标。将污水处理厂实测出水水质与再生水用作工业用水水源的水质标准相比较，结果表明该水质达到《城市污水再生利用 工业用水水质》（GB/T 19923—2005）要求，可用作冷却用水（包括直流冷却水和敞开式循环冷却水系统补充水）、洗涤用水，也可与新鲜水混合使用。

综合以上分析可知，北皂煤矿污水处理厂出水能满足本项目循环冷却补充水水质要求。

五、矿坑排水水源可靠性分析

（一）取水的可靠性分析

北皂矿污水处理工程于 2009 年 8 月 13 日正式投产运行。设计处理规模 0.55 万 m^3/d，设计出水水质满足《城镇污水处理厂污染物排放标准》（GB 18918—2002）一级 A 标准。经分析，在保证率 97% 枯水年条件下，项目建成后，2020 年北皂矿矿井稳定涌水量为 137 万 m^3/h，日均涌水量为 0.33 万 m^3/d。根据北皂煤矿污水处理厂出水水质化验数据,其出水水质较为稳定,达到《城镇污水处理厂污染物排放标准》(GB 18918—2002)一级 A 标准。

(二)供水风险性分析

1.来水风险分析

北皂矿污水处理厂来水量以北皂矿矿井涌水为主,来水水源相对稳定。不会对该项目用水产生风险。

2.供水风险分析

北皂矿污水处理厂主要工艺车间采用铀电源供电,主要设备均有备用,作为该项目供水水源是相对安全可靠的。北皂矿污水处理厂供水风险是中水管道破裂,引起的暂时供水中断。该项目离污水处理厂较近,供水管道短,埋设较浅,便于检查维修,发现供水中断启动抢修预案,可在 12~18 h 内抢修完毕,恢复供水。同时,该项目计划建 1 座容量 2 000 m³ 的工业水池,可保证抢修时间的生产用水。

综上所述,本项目以北皂矿污水处理厂处理后的北皂矿井疏干排水作为生产用水水源,经电厂处理后,水量、水质均可满足生产用水需求,取水方案可行可靠。

第四节　地表水水源论证

一、依据的资料与方法

(一)依据的资料

(1)龙口市迟家沟水库除险加固工程初步设计和概算(鲁发改重点〔2013〕1434 号)。

(2)《山东省龙口市迟家沟水库除险加固工程初步设计报告》(烟台市水利建筑勘察设计院,2012 年)。

(3)山东省水利工程三查三定资料汇编(山东省水利厅,1985年)。

(4)山东省水库资料汇编(山东省水利厅,2003 年)。

(5)迟家沟水库周边水文测流站的分布情况。

（6）北邢家水库周边水文测流站的分布情况。

（7）王屋水库水文站及流域内雨量站历年实测水文资料。

（二）采用的论证方法

迟家沟水库尚未设水文站，无实测水文资料，因此本次论证选用王屋水库水文站为参证站，采用比拟法推求迟家沟水库、北邢家水库现状来水量。水库调节计算采用"计入水量损失的长系列变动用水时历法"，以月为调算时段。

水环境质量依据《地表水环境质量标准》（GB 3838—2002），采用单参数法评价。

二、迟家沟水库来水量分析

（一）迟家沟水库流域概况

1. 流域自然地理概况及河流特性

泳汶河是流经龙口市境内的第二条大河，发源于招远市的罗山，该河道由东南向西北流经下丁家镇、芦头镇、东江镇、北马镇、新嘉街道办和龙港街道办等，于徐福镇柳海村西北注入渤海。

迟家沟水库位于龙口市芦头镇寺后乔家村南，泳汶河支流南栾河中游，是一座集防洪、农业灌溉、城市供水等综合利用的中型水库。水库控制流域面积 47 km²，流域内多山区，其中山区占 95%，丘陵区占 5%，平均宽度 4.7 km，河道干流平均坡度 0.01 m/m，地形坡度较大，单支汇流。迟家沟水库流域形状呈羽毛状，总的地势为南高北低，东西高，中间低，水库流域内主要山峰有三座塔、瓮顶、玉皇顶、风会山、早阳山、美秀顶、梨具顶、所草顶、草帽顶、黄猫顶和老云头顶等，其中最高峰为草帽顶（753.0 m），最低峰为瓮顶（292.4 m）。

2. 流域内已建水利工程情况

迟家沟水库坝址以上自 20 世纪 60 年代开始先后建成小（1）型水库 1 座和小（2）型水库 4 座，水库总控制流域面积 16.22 km²，总库容 546.4 万 m³，兴利库容 406.6 万 m³。

迟家沟水库库内建有 50 马力以上扬水站 4 座，总计 530 马力，设计灌溉面积为 2 100 亩。

3. 迟家沟水库工程概况

迟家沟水库位于龙口市芦头镇寺后乔家村南。该水库枢纽工程位于泳汶河支流南栾河中游,于1958年10月开工建设,1960年5月竣工,上游流域面积47 km²。2013年11月11日,山东省发改委批复迟家沟水库除险加固工程。除险加固后,核定水库总库容1 862万 m³、兴利库容1 283 m³、死库容73万 m³。水库上游有小(1)型水库1座,小(2)型水库4座,总控制流域面积15.3 km²,总兴利库容408万 m³。

迟家沟水库水位、库容、面积关系见图4-3。

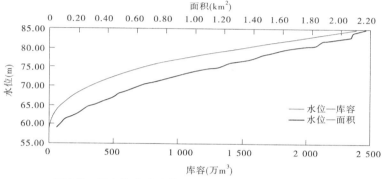

图4-3 迟家沟水库水位—库容、水位—面积关系曲线

4. 基本水文资料

由烟台市水文测站分布图可以看出,泳汶河上未设置水文测流站,根据迟家沟水库周边水文测流站的分布情况及水流特点,本次选用王屋水库水文站作为参证站,两水库相距约18 km。王屋水库测站位于龙口市黄水河上,设立于1959年,有降雨、蒸发、径流等观测资料。迟家沟水库建成于1960年5月,流域内原有迟家沟雨量站,资料系列为1960～1985年,1986年停测,有1960～1985年26年雨量资料,邻近流域有北邢家、九曲、王屋水库和小瞳等雨量站,北邢家站位于本流域东侧,为常年自记站,有1971～2010年40年雨量资料,该站设于1960年6月,但是一直到1971年才具有正式观测资料;九曲站在本流域东南侧,为常年自记站,有1964～2010年47年雨量资料,该站设于1964年5月;王屋水库站位于流域东侧,为常年自记站,有1959～2010年52

年雨量资料,该站设于 1959 年 7 月;小疃站位于流域西南侧,为常年站,有 1951～2010 年 60 年雨量资料,该站设于 1951 年 6 月。

5. 泥沙淤积分析

迟家沟水库没有泥沙资料,其周边泥沙测站分布情况,位于迟家沟水库东南方向的臧格庄水文站自 1960 年有连续的泥沙资料。臧格庄水文站位于中村河以东流域清洋河中游,是国家正式公布的水文测站,与迟家沟水库自然地理特征和气候条件、产沙条件等基本相似,断面以上控制流域面积为 458 km²。因此,迟家沟水库泥沙淤积情况可根据臧格庄站泥沙资料采用类比法分析。

根据臧格庄水文站实测年输沙量资料,1961～2008 年多年平均输沙量约为 6.7 万 t,1974～2008 年多年平均输沙量约为 4.4 万 t,可见随着测站上游水土保持工作的开展,输沙量呈下降的趋势。为合理的分析迟家沟水库 1974 年以后的泥沙淤积情况,采用臧格庄水文站 1974～2008 年泥沙观测资料类比分析。1974～2008 年多年平均实测输沙量约为 4.4 万 t,该数据为现状工程条件下的输沙量,不包括上游庵里水库(控制流域面积 150 km²)的拦截沙量。按上游水库排沙 20% 计,臧格庄以上天然年输沙量应为 6.0 万 t,单位面积输沙量约为 0.013 万 t/km²。

采用臧格庄单位面积输沙量分析计算迟家沟水库泥沙淤积情况,扣除迟家沟水库上游小型水库拦截,按小型水库排沙 20% 计,迟家沟水库多年平均来沙量 0.44 万 t,按水库排沙 20% 计,沙容重取 1.3 t/m³,则迟家沟水库年淤积 0.27 万 m³,经计算,迟家沟水库 1974 年至今总淤积量约 10 万 m³,考虑水库上游挖沙等,可认为迟家沟水库上游挖沙量与淤积量平衡,水库水位—库容关系保持不变。

(二)参证站的选择

迟家沟水库流域内无实测径流资料,根据有关规范要求,可借用邻近降水和下垫面条件等相似的具有实测资料的参证站采用水文比拟法对本水库径流进行分析计算。

选用参证站需具备以下三个条件:流域下垫面条件相似、气候条件相似、具有长系列的径流资料。经过对迟家沟水库流域附近水文站的自然地理特征等进行初步分析,确定选择王屋水库水文站作为参证站。

1.下垫面相似条件分析

王屋水库位于龙口市石良镇,黄水河中游,流域面积 320 km²,占黄水河流域总面积的 31%。水库流域呈阔叶状,为单支河流,干流平均坡度为 0.002 4 m/m,总的地势为南高北低,东西高,中间低。流域为构造剥蚀低山丘陵区,山区岩石多为风化严重的片麻岩,山脉走向与河流走向基本一致,多为南北向,山间河谷为 V 形,河谷沉积有冲洪积粉质黏土和粉土。流域内土壤多为壤土和砂壤土。农作物以冬小麦、夏玉米和春玉米为主。

迟家沟水库位于龙口市芦头镇寺后乔家村南,泳汶河支流南栾河中游,水库控制流域面积 47 km²。流域形状呈羽毛状,为单支河流,流域内多山区,干流平均坡度为 0.01 m/m。总的地势为南高北低,东西高,中间低。水库上游为山涧河谷地带,水库周围为构造剥蚀的低山丘陵地形。流域内土壤主要为壤土和砂壤土,其次是黏土,地下为风化的花岗岩,土壤透水性较好,肥力一般。流域内植被较好,水土流失程度较轻。农作物以冬小麦、夏玉米和春玉米为主。

迟家沟水库流域与王屋水库流域均位于胶东半岛西北部,两水库相距约 18 km,地理位置相近,均为低山丘陵区,水土保持较好,流域形状相似,土壤均以壤土和砂壤土为主,所以可认为两水库的下垫面条件相似性较好。

2.气候相似条件及相关性分析

迟家沟水库流域内现状无水文站,也无雨量站。本次迟家沟水库降水量直接采用距流域较近的北邢家雨量站实测降水资料,该站设立于 1971 年,经分析,多年平均降水量为 641.3 mm,汛期(6~9月)降水量为 450.0 mm,占全年降水量的 70.2%。

王屋水库选取有代表性的王屋水库站实测降水资料,该站设立于 1959 年 7 月,具有连续观测资料,经分析,多年平均降水量为 666.6 mm(降水系列与大辛店站同期,其中 1956~1959 年采用侧岭高家站资料),汛期(6~9月)降水量为 482.4 mm,占全年降水量的 72.4%。

迟家沟水库与王屋水库流域均属暖温带东亚季风区大陆性气候,

地理位置相邻,均在胶东半岛西北部,面向海洋。四季特征明显,春季温凉干旱,夏季湿热多雨,秋季天高气爽,冬季寒冷干燥。迟家沟水库流域多年平均气温12.2 ℃,多年平均降雨量为641.3 mm,多年平均水面蒸发深1 239.2 mm,多年平均最大风速19.6 m/s;王屋水库流域多年平均气温12.01 ℃,多年平均降雨量为666.6 mm,多年平均水面蒸发深1 239.2 mm,多年平均最大风速19.6 m/s;两流域气候条件相似。本次主要就两流域的降水资料进行分析,以说明两流域气候相似性情况。

迟家沟站与王屋水库站降水量参数分析见表4-4。

表4-4 迟家沟站与王屋水库站降水量参数分析

站名	流域面积（km²）	干流坡度（m/m）	降水量		
			年（mm）	汛期（6~9月）	
				汛期（mm）	汛期/年（%）
迟家沟水库	47	0.01	641.3	450.0	70.2
王屋水库	320	0.002 4	666.6	482.4	72.4

站名	相关系数	
	年	汛期
迟家沟水库—王屋水库	0.884	0.882

由表4-4可以看出,迟家沟与王屋水库多年平均降水量相差不大,汛期降水量占年降水量的比例也相近。通过对迟家沟水库与王屋水库降水资料进行相关分析,年降水量相关系数为0.884,相关分析见图4-4,年降水过程线见图4-5。

3. 径流资料系列情况分析

王屋水库水文站设立于1959年,具有1959~2008年50年连序实测径流量资料,资料系列较长,满足规范要求。

根据以上分析,迟家沟水库流域与王屋水库流域自然地理位置相邻,下垫面条件和气候条件相似,降水量变化特征较为接近,径流都是由降水补给,且王屋水库水文站具有长系列实测径流资料,有较好的代

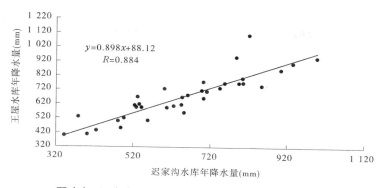

图 4-4 迟家沟水库与王屋水库年降水量相关分析图

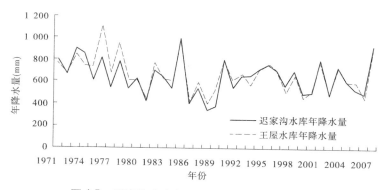

图 4-5 迟家沟水库与王屋水库年降水量过程线

表性,故本次确定选取王屋水库水文站作为迟家沟水库的参证站,分析计算迟家沟水库天然径流量。

(三)王屋水库天然径流量分析计算

1.王屋水库天然径流量还原计算

天然径流量是指由降水产生的、基本上不受人类活动影响的天然状态下的河川径流量。水库上游小型水库的建成使王屋水库的径流量和径流过程发生了一定的变化,为了使系列具有一致性,需根据上游水利工程兴建年份和用水的不同,进行天然径流的还原计算。

《山东省水资源综合规划》中对王屋水库天然径流量进行了还原计算,其系列至 2000 年,还原时考虑了系列的一致性调整,统一到近年下垫面产流水平。由于该成果没有考虑水库水面蒸发增损量、渗漏损失,本次在《山东省水资源综合规划》1959~2000年成果的基础上增加了蒸发增损量、渗漏损失,得出1959~2000年王屋水库天然径流量。

采用王屋站1963~2000年蒸发深资料及龙口、水道等站1959~1962年蒸发深等资料,根据《水利水电工程水文计算规范》(SL 278—2002)的规定进行王屋水库历年逐月蒸发增损量计算。王屋水库渗漏损失水量采用月平均库容的0.8%计算。

2001~2008年利用王屋水库实测水文资料进行径流还原计算,推求天然径流量。天然径流还原计算采用《水利水电工程水文计算规范》(SL 278—2002)中推荐的分项调查法,按照水量平衡,采用以下方程式计算:

$$W_{天然} = W_{入库来水量} + W_{农业灌溉} + W_{上游提水} + W_{工业及生活} + W_{调蓄} + W_{蒸发} + W_{渗漏}$$

式中:$W_{天然}$为还原后的天然径流量;$W_{入库来水量}$为王屋水库入库来水量,为水库实测径流量和容积变量之和;$W_{农业灌溉}$为农业灌溉净耗水量;$W_{上游提水}$为上游扬水站提取水量;$W_{工业及生活}$为工业及生活净耗水量;$W_{调蓄}$为上游蓄水工程的蓄水变量;$W_{蒸发}$为水库水面蒸发增损量;$W_{渗漏}$为水库渗漏水量。

根据以上计算方法,采用王屋水库2001~2008年逐月实测月平均出库流量,月初、月末蓄水量,历年上游工程资料,水文调查成果,水库蒸发增损量和渗漏量等情况,进行王屋水库2001~2008年逐月的王屋水库天然径流量的还原计算。

经以上分析计算,求得王屋水库1959~2008年历年逐年天然径流量系列。其中,王屋水库多年平均年天然径流量为6 724万 m^3,多年平均汛期(6~9月)天然径流量为5 261万 m^3,占全年的78.2%。

2. 王屋水库天然径流系列合理性分析

王屋水库天然径流量有50年实测系列,为检查计算成果的合理性,采用年降水—径流关系和年降水、年径流过程线进行检查。

将王屋水库求得的1959~2008年天然径流深与年降水量建立相关图,见图4-6,并点绘年径流深与年降水量过程线图,见图4-7。可以看出,年天然径流深与年降水量相关关系密切,相关点据在时序上无系统偏离,两过程线相应,这表明天然径流量计算成果是合理的。

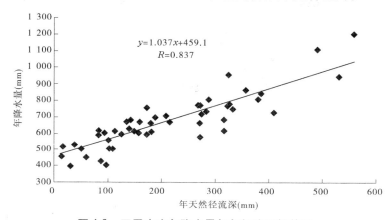

图4-6 王屋水库年降水量与年径流深相关图

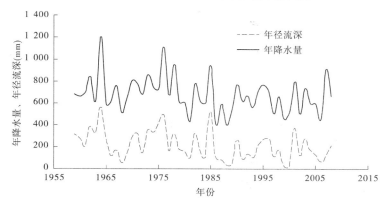

图4-7 王屋水库年降水量、年天然径流深过程线

经分析计算,王屋水库流域多年平均径流深为210 mm,由《烟台市水资源综合规划》中的"烟台市1956~2000年平均年径流深等值线图"查得王屋水库处的多年平均径流深为160 mm,考虑《烟台市水资源综合规划》中的成果未考虑水库水面蒸发增损量、渗漏损失等因素的影响,且王屋水库水文站还原径流资料只代表本站点处的径流情况,因此从整体分析认为本次计算的王屋水库天然径流量是合理的。

王屋水库天然径流量年际之间变化比较大,系列中最大的 1964 年为 17 886 万 m^3,径流量最小的为 453 万 m^3,丰枯比达到 39.5。天然径流量主要集中在汛期 6~9 月,其中 7~8 月尤为集中,汛期 6~9 月径流量占全年的 78.2%。系列中包含较为明显的丰水期、枯水期,1959~1964 年平均天然径流量为 10 857 万 m^3,为多年平均值的 161.5%;1986~1993 年平均天然径流量为 3 366 万 m^3,为多年平均值的 50.1%。

综上所述,王屋水库天然径流量系列长度为 50 年,满足规范对系列长度的要求。还原计算所采用的基础数据系国家水文站实测、整编资料,资料系列完整、可靠,分析得到的王屋水库天然径流量系列丰枯兼有,代表性较好。因此,可认为本次还原计算的王屋水库天然径流量系列是可靠的,符合流域实际。

(四)迟家沟水库天然径流量计算

1.迟家沟水库天然径流量计算

通过前面的分析,确定选用王屋水库水文站作为参证站,计算迟家沟水库的天然径流量。采用水文比拟法按王屋水库站与迟家沟水库的控制面积比,并考虑两流域降雨分布的不均匀性计算迟家沟水库坝址处的天然径流量。迟家沟水库历年逐月天然径流量按下式计算:

$$W_{本} = W_{王} \times (F_{本} \times H_{本})/(F_{王} \times H_{王})$$

式中:$W_{本}$ 为迟家沟水库逐年逐月天然径流量,万 m^3;$W_{王}$ 为王屋水库逐年逐月天然径流量,万 m^3;$F_{本}$ 为迟家沟水库流域面积,km^2,取 47 km^2;$F_{王}$ 为王屋水库流域面积,km^2,取 320 km^2;$H_{本}$ 为迟家沟水库流域历年降水量,mm;$H_{王}$ 为王屋水库流域历年降水量,mm。

经计算,获得迟家沟水库历年逐年天然径流量成果,多年平均天然径流量为 950.1 万 m^3,径流深 202.2 mm。

2.迟家沟水库天然径流量合理性分析

迟家沟水库多年平均径流深为 202.2 mm,径流系数为 0.32,符合本地区降雨—径流关系规律。由水库 1971~2008 年历年降水量及天然径流量资料,点绘年降水量—天然年径流深关系对应图,见图 4-8。从图可以看出,降水、径流具有较明显的对应关系。

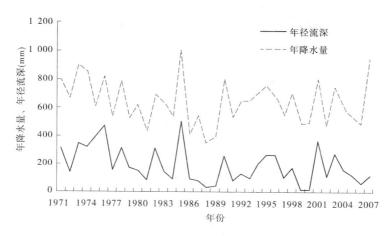

图 4-8　迟家沟水库站年降水量、天然年径流深过程线

3. 迟家沟水库天然径流量统计分析

对迟家沟水库 1959～2008 年 50 年天然径流量系列进行统计分析计算,求得多年平均天然径流量为 950.1 万 m³,$C_v = 0.74$(适线值),采用 $C_s = 2C_v$。迟家沟水库天然径流量系列统计分析计算成果见表 4-5,频率分析见图 4-9。

表 4-5　迟家沟水库天然径流量系列统计分析计算成果

序号	频率 (%)	K_p 值	设计值 (万 m³)	序号	频率 (%)	K_p 值	设计值 (万 m³)
1	50	0.825	783.8	4	90	0.242	229.9
2	70	0.526	499.8	5	95	0.157	149.2
3	75	0.457	434.2	6	99	0.062	58.9
均值 = 950.1 万 m³				$C_v = 0.74$		$C_s = 2.0C_v$	

迟家沟水库天然径流量系列第一特征是年际之间变化比较大,丰枯比最大为 39.5,最丰年份发生在 1964 年,天然径流量为 2 527.3 万 m³;最枯年份发生在 1990 年,天然径流量为 64.0 万 m³。天然年径流

量主要集中在汛期 6~9 月,径流量约占年径流量的 78.2% 。

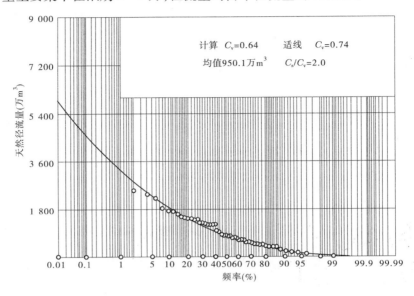

图 4-9　迟家沟水库天然径流量频率曲线图

　　迟家沟水库天然径流量系列的第二特征是丰、枯水年组交替出现,系列中包含了 1962~1965 年、1970~1971 年、1973~1976 年、1995~1996 年等多个丰水年组,也包含了 1986~1989 年、1999~2000 年等多个枯水年组,丰枯代表性比较好。

　　综上分析,迟家沟水库天然径流量系列代表性较好,计算中采用资料可靠,计算成果合理,能够满足本次迟家沟水库兴利调算的需要。

（五）迟家沟水库现状来水量计算

　　迟家沟水库现状来水量是迟家沟水库天然径流量扣除水库上游现有小型水库拦蓄利用水量求得。迟家沟水库坝址以上现有小(1)型水库 1 座、小(2)型水库 4 座,总控制流域面积 16.22 km^2,兴利库容为 406.6 万 m^3。上游小型水库拦蓄利用水量与上游水库的年来水量和兴利库容有关。在平水年和丰水年一般小型水库拦蓄利用系数 α 为 1.0~1.5,本次根据本地区小型水库运行特点取 $\alpha=1.2$,由迟家沟水库年来水量采用面积比法分别计算小型水库年来水量 $W_小$。当算得的年来水量大于最大可能拦用水量 $\alpha V_兴$ 时,取最大可能拦用水量作为年拦蓄利用水量;当算得的年来水量小于最大可能年拦用水量时,取年来水量作为年拦蓄利用水量。

小型水库年来水量采用面积比法计算,公式如下:

$$W_小 = (F_小 / F_迟) \times W_迟$$

式中:$F_小$、$W_小$ 分别为上游小型水库流域面积、年来水量;$F_迟$、$W_迟$ 分别为迟家沟水库流域面积、年来水量。

小型水库拦蓄利用水量的月分配按同年迟家沟水库各月来水量月分配计算。小型水库拦蓄利用水量较少,不考虑灌溉回归水量。

经计算,获得迟家沟水库 1959～2008 年历年逐年现状来水量成果,其中多年平均现状来水量为 652.9 万 m^3。

三、北邢家水库来水量分析

(一)现状工程概况

北邢家水库位于龙口市丁家镇北邢家村以西,泳汶河的中上游,上游控制流域面积 64 km^2。该水库总库容 1 310 万 m^3、最高水位 93.75 m;兴利库容 608 万 m^3,兴利水位 88.76 m;死库容 88 万 m^3,死水位 78.62 m。水库设计灌溉面积 1.83 万亩,现状实灌面积 0.2 万亩。北邢家水库坝址以上流域内已建小(1)型水库 2 座;小(2)型水库 7 座(1982 年调查),拦截流域面积 15.14 km^2。

(二)水文基本资料

北邢家水库流域内无水文测站,仅有北邢家一处雨量站,于 1960 年 6 月设站,但是一直到 1971 年才具有正式观测资料。距北邢家水库流域比较近且暴雨洪水特性一致的雨量站主要有侧岭高家、九曲、龙口、王五水库、小疃等雨量站。设站比较早的雨量站分别为龙口气象站和小疃雨量站,均设立于 1951 年 6 月。

(三)北邢家水库天然径流量计算

1. 北邢家水库天然径流量计算

北邢家水库无正式整编的水文资料,可参考迟家沟水库天然径流量计算方法,借用邻近降水、下垫面条件相似的具有实测资料的参证站王屋水库水文站作为参证站,采用水文比拟法按王屋水库站与迟家沟水库的控制面积比,并考虑两流域降雨分布的不均匀性计算迟家沟水库坝址处的天然径流量。

经计算,获得北邢家水库历年逐年天然径流量成果,其中多年平均天然径流量为 1 465 万 m³、径流深 228.9 mm。

2. 北邢家水库天然径流量合理性分析

经计算,北邢家水库多年平均径流深为 228.9 mm,径流系数为 0.33,符合本地区降雨—径流关系规律。由水库 1965 ~ 2005 年历年降水量及天然径流量资料,点绘年降水量—天然年径流深关系对应图,见图 4-10。从图中可以看出,降水、径流具有较明显的对应关系。

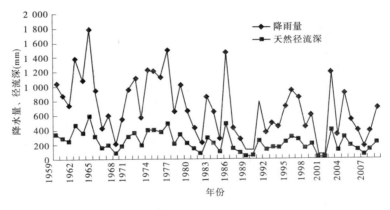

图 4-10　北邢家水库站年降水量、天然年径流深过程线

3. 北邢家水库天然径流量统计分析

对北邢家水库 1959 ~ 2008 年 50 年天然径流量系列进行统计分析计算,求得多年平均天然径流量为 1 465 万 m³,$C_v = 0.74$(适线值),采用 $C_s = 2C_v$。北邢家水库天然径流量系列统计分析计算成果见表 4-6,频率分析见图 4-11。

表 4-6　北邢家水库天然径流量系列统计分析计算成果

序号	频率（%）	设计值（万 m³）	序号	频率（%）	设计值（万 m³）
1	20	2 213.8	4	90	368
2	50	1 232.9	5	95	230.9
3	75	694.9	6	99	72.7
均值 = 1 465 万 m³			$C_v = 0.74$		$C_s = 2.0 C_v$

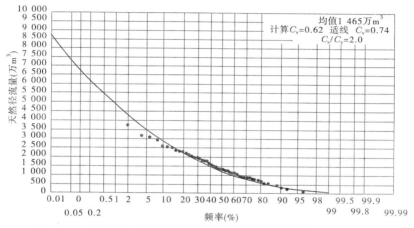

图 4-11　北邢家水库天然径流量频率曲线图

北邢家水库天然径流量系列第一特征是年际之间变化比较大，丰枯比最大为 27.6，最丰年份发生在 1964 年，天然径流量为 3 749 万 m³；最枯年份发生在 1999 年，天然径流量为 136 万 m³。天然年径流量主要集中在汛期 6～9 月，径流量约占年径流量的 73.7%。

北邢家水库天然径流量系列的第二特征是丰枯水年组交替出现，系列中包含了 1962～1965 年、1973～1976 年、1995～1996 年等多个丰水年组，也包含了 1986～1989 年、1999～2000 年等多个枯水年组，丰枯代表性比较好。

综上分析，北邢家水库天然径流量系列代表性较好，计算中采用资料可靠,计算成果合理,能够满足本次迟家沟水库兴利调算的需要。

(四)北邢家水库现状来水量计算

北邢家水库现状工程条件下的来水量,是在水库天然径流量的基础上,扣除现状水库上游拦蓄工程的蓄水量和用水量后的水量。北邢家水库坝址以上流域内建有小(1)型水库2座;小(2)型水库7座,总控制流域面积15.14 km^2,总兴利库容为265.8万 m^3,设计灌溉面积0.5418万亩。

由水库入库水量系列进行分析计算,获得北邢家水库现状工程条件下的历年来水量计算成果,多年平均来水量为1 168万 m^3。北邢家水库现状工程条件下入库径流系列长达50年,系列丰枯代表性比较好,年内、年际分布特点与天然径流系列基本相同,在此不再赘述。

四、用水量分析

目前,迟家沟水库主要担负着向龙口市西部北马、芦头等镇的农业灌溉以及南山集团、道恩集团的工业供水任务;北邢家水库主要担负着向灌区及南山集团的工业供水任务。

(一)农业用水

根据迟家沟水库供水规划及调查结果,本次兴利调节计算迟家沟水库农业灌溉面积取0.4万亩(其中库区提灌0.2万亩),北邢家水库灌区实灌面积取0.2万亩。农田灌溉水利用系数 η 现状取0.62,实施节水灌溉措施后 $\eta=0.65$。

灌区农业灌溉设计灌溉用水量按照山东省水利勘测设计院"关于大中型水库灌区设计灌溉面积核算办法的意见"中推荐的方法进行计算。根据山东省水利厅鲁水资字〔2004〕31号文颁发的《山东省农业灌溉用水定额》(试行)中相关作物的灌溉定额,对计算的灌溉定额进行适当的调整,确定迟家沟水库、北邢家水库灌区长系列的历年逐月单位面积综合灌溉净定额分别为175.8 m^3/亩、174.9 m^3/亩。根据调查,获得迟家沟水库、北邢家水库灌区历年逐月单位面积综合净灌溉定额。

(二)工业用水

迟家沟水库目前担负着向南山集团、道恩集团供水的任务,设计供水规模 1.5 万 m³/d,2013 年道恩集团从迟家沟水库取水量约为 158 万 m³(合 0.43 万 m³/d),南山集团从迟家沟水库取水量约为 311 万 m³(合 0.85 万 m³/d)。随着社会经济的不断发展,水库除险加固和南水北调配套工程完成后,将增加向城市供水量。南水北调东线第一期工程龙口市续建配套工程的供水对象主要是近期向烟汕线以北的山东道恩集团及处于龙口中南部区域的南山集团供水,中远期向龙口经济开发区及人工岛供水。

北邢家水库目前担负着向南山集团的供水任务,2012 年南山集团从北邢家水库取水量为 365 万 m³,2013 年取水量为 441.7 万 m³,近两年年均取水量 403 万 m³,合 1.1 万 m³/d。

(三)河道生态用水量

根据 2006 年 1 月国家环境保护总局司函环评函〔2006〕4 号文关于印发《水电水利建设项目河道生态用水、低温水和过鱼设施环境影响评价技术指南(试行)》的函。选择水文学法计算维持水生生态系统稳定所需水量。水文学法是以历史流量为基础,根据简单的水文指标确定河道生态环境需水,本次采用国内常用的 Tennant 法进行分析。

考虑下游河道生态用水要求,以迟家沟水库净来水量 10% 作为下游河道的生态用水,兴利调算时生态用水参与水量平衡调算。迟家沟水库多年平均净来水量为 652.9 万 m³,生态用水量为 65.3 万 m³;北邢家水库多年平均来水量为 1 465 万 m³,生态用水量为 146.5 万 m³。

五、损失水量计算

损失水量包括蒸发损失水量和渗漏损失水量。

(一)蒸发损失水量计算

水库蒸发损失水量按下式计算

$$W_{库蒸} = A \times (E_水 - E_陆) \times 0.1$$

式中:$W_{库蒸}$ 为水库不同库容下蒸发损失量,万 m³;A 为水库不同水位下对应的水面面积,km²;$E_水$ 为水库水面年蒸发深,mm;$E_陆$ 为年陆面蒸发深,mm。

本次迟家沟水库蒸发损失水量计算借用王屋水库蒸发资料,换算后水库水面多年平均蒸发深 1 017 mm,陆面蒸发深 465 mm,由此可计算出水库不同库容年蒸发损失量。北邢家水库蒸发损失参照上述方法计算。

(二)渗漏损失的计算

水库渗漏量计算采用经验系数法,根据大坝现状渗漏情况,结合北邢家水库和迟家沟水库工程地质勘察报告,确定工程加固前水库月渗漏损失量均按蓄水量的 1.5% 计,工程加固后水库月渗漏损失量均按蓄水量的 0.5% 计。

六、可供水量调节计算

(一)调算方案

迟家沟水库和北邢家水库同为中型水库,具有多年调节功能,因此本次调节采用长系列变动用水时历法逐月进行兴利调算。根据水库历年逐月来水量和拟订的不同供水方案,按照水量平衡原理,历年逐月进行调算,并分别统计计算城市供水和农业灌溉的保证率。为保证城市供水可靠性,预留城市用水保证控制库容,低于此库容时停止农业供水,只保证城市供水。本次兴利调节计算以向城市供水和农业灌溉为主兼顾生态用水,按现状年、2020 年两个水平年进行调算,城市供水和农业灌溉供水保证率均按年计算。

根据鲁计重点〔2003〕1111 号文批复的《山东省胶东地区南水北调东线工程初步设计》,烟台市年总分配水量为 9 650 万 m³,其中龙口市年分配水量为 1 300 万 m³,南水北调工程竣工后,计划在每年 1 月 21 日至 4 月 21 日共 91 d 向迟家沟水库调水 800 万 m³(平均日调水量为 8.79 万 m³)。

南水北调东线第一期工程龙口市续建配套工程拟订两个分水口,一个为向迟家沟水库供水的南栾河分水口,位于芦头镇栾家庄与候家沟之间、南水北调东线供水干渠的右岸、南栾河倒虹吸进口右岸;另一个为向西涧水库供水的泳汶河分水口,位于芦头镇北树口村东北 300 m 处、胶东地区南水北调东线供水干渠泳汶河倒虹吸进口左岸。通过南栾河分水口、泳汶河分水口分别引水至迟家沟水库、西涧水库,迟家沟水库至员外刘家水库之间布设调水管线。利用迟家沟水库、员外刘家水库和西涧水库作为调蓄水库,自调蓄水库敷设供水管线对供水区实施供水。南水北调东线第一期工程龙口市续建配套工程批复概算总投资 1.487 2 亿元,总工期 21 个月,2012 年 10 月开工,2014 年 6 月底完工。

1. 现状水平年调算方案

本次现状水平年调算拟订三种方案。

现状方案 1:考虑水库除险加固后不调水,水库农田灌溉控制面积为 0.4 万亩,农田灌溉水利用系数取 0.62,在保证农业灌溉 0.4 万亩(50% 供水保证率)及生态用水(90% 供水保证率)的前提下,核算迟家沟水库向城市供水在 97% 保证率时的最大可供水量。

现状方案 2:考虑水库除险加固后不调水且兼顾生态用水,95% 保证率下,核算迟家沟水库向城市供水的最大供水规模;同时核算城市供水规模最大时水库能够保证的农田灌溉控制面积,农田灌溉水利用系数取 0.62,农业供水保证率为按 50% 考虑。

现状方案 3:考虑水库除险加固后不调水且兼顾生态用水,核算迟家沟水库同时满足南山集团用水 311 万 m^3/a(0.85 万 m^3/a)、道恩集团用水 158 万 m^3/a(0.43 万 m^3/a)、本项目取水 157.78 万 m^3/a(0.43 万 m^3/a)时的最大供水保证率,同时核算该方案能够保证的农田灌溉控制面积,农田灌溉水利用系数取 0.62,农业、生态供水保证率按 50% 考虑。

现状方案 4:考虑水库除险加固后不调引过境客水,与北邢家水库联合调度,拟定三种调算情景。方案 4-1:核算两库联调时 97% 保证率下向城市的最大供水规模;方案 4-2:核算两库联调时 95% 保证率下向城市的最大供水规模;方案 4-3:若两库联调时不能满足现状用水户 97%、95% 保证率时的用水需求,则计算两库联调时现状道恩、南山集团用水及本项目取水时的最大供水保证率。上述调算过程中需同时核算出各种方案能够保证的农田灌溉控制面积,农田灌溉水利用系数取 0.62,农业、生态供水保证率按不低于 50% 考虑。

2.规划水平年调算方案

规划水平年 2020 年调算方案(即规划方案)为:考虑除险加固后,年调水量 800 万 m³,水库农业灌溉控制面积为 0.4 万亩,农田灌溉水利用系数取 0.65。在保障农业灌溉 0.4 万亩(50%供水保证率)及生态用水同时,核算供水保证率为 97%时迟家沟水库向城市的最大可供水量。

(二)现状水平年迟家沟水库可供水量调算

根据拟订的调算方案和迟家沟水库历年逐月来水量,按照水量平衡原理,采用长系列变动用水时历法逐月进行兴利调算,结果汇总见表4-7。

根据现状方案1,考虑水库除险加固后不调水且保障生态用水,水库农田灌溉控制面积为 0.4 万亩,农田灌溉水利用系数为 0.62,农业供水保证率为 51%。经调节计算,迟家沟水库多年平均来水量为652.9 万 m³,在保证生态用水的情况下,97%保证率时,城市可供水量规模为 0.73 万 m³/d,多年平均城市可供水量为 266.5 万 m³。由此可见,该方案下迟家沟水库尚不能满足现状用水户道恩集团、南山集团和本项目的取用水需求。

根据现状方案2,考虑水库除险加固后不调水且兼顾生态用水,经调节计算,95%保证率下,水库的最大可供水量为 0.93 万 m³/d,因此,迟家沟水库向城市供水的最大供水规模为 0.93 万 m³/d,多年平均城市可供水量为 334.3 万 m³。在此基础上,核算城市供水规模最大时水库能够保证的农田灌溉控制面积为 0.58 万亩,农田灌溉水利用系数为0.62,农业供水保证率为 51%。由此可知,该方案下迟家沟水库也不能满足现状用水户道恩集团、南山集团和本项目的取用水需求。

根据现状方案3,考虑水库除险加固后不调水且兼顾生态用水,经调节计算,迟家沟水库同时满足南山集团用水 311 万 m³/a(0.85 万m³/a)、道恩集团用水 158 万 m³/a(0.43 万 m³/a)、本项目取水 157.78万 m³/a(0.43 万 m³/a)时,日均供水量为 1.72 万 m³ 的最大供水保证率为 70.6%,同时核算出该方案能够保证的农田灌溉控制面积为 0.07万亩,农田灌溉水利用系数为 0.62,农业、生态供水保证率均为 51%。兴利调算结果见表4-7。该方案调算结果表明,在平水年份,迟家沟水库能够同时满足南山集团用水 311 万 m³/a(0.85 万 m³/a)、道恩集团

表4-7 迟家沟水库兴利调节计算成果汇总

	兴利调算项目	现状方案1	现状方案2	现状方案3	现状方案4-1		现状方案4-2		现状方案4-3		规划方案
					北邢家水库	迟家沟水库	北邢家水库	迟家沟水库	北邢家水库	迟家沟水库	迟家沟水库调引客水
	兴利水位(m)	79.3	79.3	79.3	88.76	79.3	88.76	79.3	88.76	79.3	79.3
	兴利库容(万m³)	1 283	1 283	1 283	608	1 283	608	1 283	608	1 283	1 283
城市供水	日供水量(万m³)	0.73	0.93	1.72	0.66	0.98	0.86	1.09	1.1	1.72	2.5
	多年平均供水量(万m³)	266.5	334.3	471.8	240.9	357.7	310.6	391.6	375.4	554.9	912.5
	保证率(%)	97	96.1	70.6	97	97	95	95	82	82	97
农业供水	灌溉水利用系数	0.62	0.62	0.62	0.62	0.62	0.62	0.62	0.62	0.62	0.65
	灌溉面积(万亩)	0.4	0.58	0.07	0.2	0.4	0.2	0.4	0.2	0.07	0.4
	多年平均供水量(万m³)	72	92.7	13.6	48.6	70.4	47.8	71.7	47.4	11.6	76.9
	灌溉控制库容(万m³)	605	73	73	88	605	88	605	88	73	950
	灌溉控制水位(m)	73.49	64.31	64.31	78.62	73.49	78.62	73.49	78.62	64.31	76.53
	保证率(%)	51	51	51	84	51	80	55	74.5	51	51
生态环境用水	多年平均供水量(万m³)	64.7	55.5	45.4	114.2	69.5	114.2	64.7	115.7	63.6	65.3
	保证率(%)	90	69	51	84	84	84	80	96	73	98
	蒸发渗漏损失水量(万m³)	137.2	109.3	91.6	102.3	136.8	98.2	120.3	81	106.8	156
	弃水量(万m³)	112.6	61.1	30.6	663.9	84.3	599.1	58.6	422.9	43.5	69.4

用水 158 万 m³/a(0.43 万 m³/a)、本项目取水 157.78 万 m³/a(0.43 万 m³/a)的用水需求。但是,在枯水年份、特枯年份需要调引客水以同时满足各类用户的用水需求。

根据现状方案 4,考虑迟家沟水库除险加固后不调引过境客水,但是与北邢家水库进行联合调度。经计算,97% 保证率时北邢家水库、迟家沟水库向城市的最大可供水量分别为 0.66 万 m³/d、0.98 万 m³/d,其中迟家沟水库从北邢家水库的多年平均引水量为 65.7 万 m³,因此两水库均不能满足现状用水户在特枯年份的用水需求。95% 保证率时北邢家水库、迟家沟水库向城市的最大可供水量分别为 0.86 万 m³/d、1.09 万 m³/d,其中迟家沟水库从北邢家水库的多年平均引水量为 53.9 万 m³,因此两水库均不能满足现状用水户在特枯年份的用水需求。最后,核算两库联调时能满足的现状用水户用水需求的最大保证率,对迟家沟水库和北邢家水库进行联合调算,其中迟家沟水库调引北邢家水库的余水,且北邢家水库首先满足南山集团 1.1 万 m³/d 的用水;迟家沟水库同时满足南山集团用水 311 万 m³/a(0.85 万 m³/a)、道恩集团用水 158 万 m³/a(0.43 万 m³/a)、本项目取水 157.78 万 m³/a(0.43 万 m³/a),合计日均供水量为 1.72 万 m³。

经联合调算,两水库在同时满足现状用水户和本项目用水时的最大供水保证率为 82%。这表明,两库联调时,能够在平水年份和枯水年份保障现状用水户和本项目用水,但是在特枯年份即使两库联调也不能同时满足现状用水户及本项目的用水需求。

(三)规划水平年迟家沟水库可供水量调算

根据规划方案,考虑水库除险加固后调水,水库农田灌溉控制面积为 0.4 万亩,农田灌溉水利用系数取 0.65,农业供水保证率为 51%。经调节计算,2020 水平年水库多年平均来水量为 1 282.0 万 m³(其中调引客水量 629 万 m³/a),在保证生态用水的情况下,97% 保证率时,城市可供水量规模为 2.5 万 m³/d,多年平均城市可供水量为 912 万 m³,在保证向道恩集团、南山集团年总供水量 469 万 m³ 的同时,完全能够满足本项目年取水 157.78 万 m³/a 的用水量需求。

七、水资源质量评价

本项目取用迟家沟水库水作为工业用水水源,主要用于循环冷却系统和化学水处理系统。经取样检测分析可知,迟家沟水库水质达到《地表水环境质量标准》(GB 3838—2002)中的Ⅲ标准和《生活饮用水卫生标准》(GB 5749—2006),满足电厂循环冷却水补充水水质要求,需经过处理后方能满足锅炉补给水水质要求。

八、取水口位置合理性分析

本项目年需取用迟家沟水库地表水 157.78 万 m^3/a,本项目厂区距道恩集团较近,拟利用道恩集团引水管道将迟家沟水库地表水输送至厂区。道恩集团自迟家沟水库放水洞下建有专用泵站,原水供水管道为 800 mm 的水泥供水管道,全长 25 km,调水能力为 2.0 万 m^3/d。目前,道恩集团从迟家沟水库取水量为 0.43 万 m^3/d,加之本项目取水量为 0.43 万 m^3/d,取水量未超过原水供水设施的调水能力 2.0 万 m^3/d。因此,迟家沟水库水源取水通过已建的原水供水管道,敷设至厂区外 1 m,不会对第三方取水造成影响,该项目取水口位置设置是合理的。

九、取水可靠性分析

本次论证对迟家沟水库向城市供水的供水能力进行了调节计算。根据计算结果,本项目建成后和 2020 水平年,迟家沟水库均可以向本项目供水 157.78 万 m^3/a,保证率达 97%,完全能够满足本项目用水量需求。由水质分析评价结果可以看出,迟家沟水库地表水可用于生产用水,从水质角度来看,本项目从迟家沟水库取水是可行的。因此,本项目以迟家沟水库作为取水水源是可靠的、有保证的。

第五节　自来水水源论证

一、龙口市自来水有限公司概况

龙口市自来水有限公司前身为龙口市自来水公司,始建于 1975 年
10 月,1976 年 4 月 1 日正式成立,为自收自支事业单位,隶属龙口市城
乡建设管理委员会。2001 年,市政府推动水务一体化管理,龙口市自
来水公司整体划归龙口市水务局。2004 年 1 月改制更名为龙口市自
来水有限公司,注册资金 3 000 万元,主营自来水生产、销售,兼营管道
设备安装、管件销售等。公司供水能力为 14 万 m^3/d,拥有 1 座地表水
厂、2 座地下水厂和 4 座配水厂,为了提高公司的供水能力和抵御自然
灾害的应急救援能力,公司筹资建设 8 000 m^3 的高位水池 2 座,供水
管网总长度(管径 100 mm 以上)280 km,供水范围主要包括黄城、龙港
两城区,供水面积约 40 km^2。随着城乡供水一体化的发展和农村饮水
安全工程的逐步实施,管网已向黄山馆、东江、兰高、新嘉、诸由观、度假
区、下丁家、石良等乡镇延伸,拉开了城市向农村供水的大格局。

供水生产实施水源、净水厂、配水厂三级水质检测管理,确保出厂
水水质符合并优于国家饮用水卫生标准。公司化验室拥有价值 200 多
万元的大型水质检测仪器和一流的检测环境,按国家《生活饮用水卫
生标准》(GB 5749—2006)定时进行水质化验,能够独立完成常规分析
中的 28 项指标,保障了城市优质供水。

二、龙口市自来水有限公司供水能力分析

据资料统计,龙口市自来水有限公司 2014 年 1~6 月实际供水量
约 8.44 万 m^3/d。按此计算,则现状水平年供水量约为 3 082 万 m^3。
与设计供水能力 5 028 万 m^3/a 相比,尚有 2 028 万 m^3/a 的剩余供水能
力。

本项目生活用水取水量 0.53 万 m^3/a(14.4 m^3/d),量较小,保证
程度较高。目前,电厂已与龙口市自来水有限公司签订了水量和水质

均满足生活取水要求的供水合同。

三、自来水供水水质分析

采用单参数评价方法以中华人民共和国《生活饮用水卫生标准》（GB 5749—2006）为评价标准，对龙口市自来水有限公司检测资料中的各项水质参数进行逐一评价，确定水质参数所属类别。根据龙口市自来水有限公司 2013 年度第二季度水质监测报告，该公司自来水水质符合《生活饮用水卫生标准》（GB 5749—2006）。

四、取水口位置合理性分析

本项目自来水取水口利用已有市政自来水供水管道，龙口市自来水有限公司负责将施工管线敷设至本项目厂区围墙外 1 m 处，取水口位置设置合理。

第六节　水源论证结论

该项目生产用水量为 248.13 万 m^3/a，取水水源为处理后的北皂矿矿井疏干排水和迟家沟水库地表水。北皂矿稳定涌水量为 90.35 万 m^3/a，经北皂矿污水处理厂处理后输送至电厂用于生产用水。该污水处理厂于 2009 年 8 月 13 日正式投产运行，设计处理规模 0.55 万 m^3/d，设计出水水质满足《城镇污水处理厂污染物排放标准》（GB 18918—2002）一级 A 标准，目前只有该电厂项目为用水户。通过对迟家沟水库向城市供水能力进行调节计算可知，项目建成后和 2020 水平年，迟家沟水库在南水北调东线一期工程龙口市续建配套工程调水条件下，均可以向本项目供水 158.78 万 m^3/a，保证率达 97%，完全能够满足本项目用水量需求。由水质分析评价结果可以看出，迟家沟水库地表水可用于本项目生产用水。

该项目年生活用水量为 0.53 万 m^3/a，取水水源为市政自来水。龙口矿业集团与龙口市自来水有限公司签订了供水协议，能够从水量、水质上满足本项目生活用水需求。

第五章 水利水电项目水资源论证示例

本书选取由山东省水利科学研究院承担完成的《高密市某水库工程水资源论证报告书》为例,就其主要章节加以介绍,以示水利水电项目水资源论证的过程,包括取用水合理性分析、取水水源论证、取退水影响分析等。

第一节 项目简介

拟建水库位于高密市胶河中下游,设计总库容为 2 641 万 m^3、兴利库容 1 750 万 m^3、死库容为 102 万 m^3。建成后,该水库具有灌溉、防洪、供水、生态等综合功能,控制流域面积将达到 459.1 km^2。水库的供水对象为水库灌区农业用水和农村生活用水,其中设计灌溉农田5.2 万亩,供水保证率 50%;设计农村生活日供水量 0.5 万 m^3,供水保证率 90%。2012 年 2 月,水库建设单位委托甲级资质单位开展工程水资源论证报告书的编制工作。2012 年 10 月,报告书通过了水利部淮河水利委员会组织的专家审查。

经论证,水库通过调蓄本流域径流,可向高密市柏城镇农村生活年供水 174 万 m^3(保证率 90%)、向灌区农田灌溉年供水 712 万 m^3(保证率 50%)。

依据相关要求,项目论证确定分析范围为高密市;取水水源为王吴水库至拟建水库区间的地表径流和上游王吴水库的弃水,取水论证范围为拟建水库以上汇水流域;取退水影响论证范围为高密市柏城镇、水库灌区及水库坝址以下的胶河流域。在论证时,以 2010 年为现状水平年、2020 年为规划水平年。

需要指出的是,示例中的相关参数只用于介绍工程水资源论证过程和成果而与实际建设并不完全对映,希望读者朋友们关注于论证的方法。

第二节　项目取用水合理性分析

一、取水合理性分析

(一)建设项目符合国家产业政策

水是生命之源、生产之要、生态之基,科学合理地开发利用水资源,兴水利、除水害,一直是各地水行政主管单位常抓不懈的工作。当地水利局根据项目所在河流上游段地表水资源丰沛、上游王吴水库弃水量较大的特点,拟利用所在河流——胶河干流胶新铁路至张家庄河段现状有利的地形条件,兴建该水库。该项目建设符合《产业结构调整指导目录》(2011 年本)鼓励类中水利类第 1、3 条:"江河堤防建设及河道、水库治理工程;城乡供水水源工程";城市基础设施类第 9 条:"城镇供排水管网工程、供水水源及净水厂工程",属于当前国家允许建设的项目,是加强水资源管理、合理开发利用水资源、保护生态环境、改善民生的良好途径,是兴利与除害相结合的有效方式。

(二)项目建设符合流域水资源规划和有关专项规划要求

高密市是国务院批准的山东半岛沿海开放重点县(市)之一,不断加强水利基础设施建设,提高区域防洪安全、供水安全和生态安全保障能力,以水资源的可持续开发利用支撑经济社会的可持续发展具有重要的意义。目前,该水库建设已列入《山东省潍坊市高密市农田水利建设规划》《高密市水利发展"十二五"规划》《潍坊市水利发展"十二五"规划》及《山东省水利发展"十二五"规划》,并列入水利部"十二五"规划之中。可以说,该水库的建设是贯彻实施上述规划的重要任务之一。

(三)项目建设是提高河流防洪标准、消除洪涝灾害的需要

胶河为南胶莱河的最大支流,拟建水库闸址以上流域面积 459.1 km^2(包括上游王吴水库控制流域面积 344 km^2,区间流域面积 115.1

km^2)。项目建设将形成新的防洪体系,提高河流的防洪标准,消除洪涝灾害,可以利用水库较大的库容拦蓄流域内洪水,削减进入下游河道的洪峰流量,起到削峰、错峰的作用,有效地减小水库下游河道的防洪压力,使下游河道的防洪能力达到 20 年一遇标准,从而进一步保障沿河两岸人民群众的生命财产安全。

(四)项目建设拦蓄上游弃水及区间雨洪水,提高地表水供水能力,是强化用水总量控制管理,进一步优化供水结构的需要

高密市 2011 ～ 2015 年用水总量控制指标为 25 115 万 m^3。2010年,所在区域总供水量为 22 900 万 m^3,其中地表水供水量为 9 303 万 m^3、浅层地下水供水量为 11 997 万 m^3。所在区域现状供水量与"十二五"用水总量控制指标详见表 5-1。

表 5-1   高密市现状供水量与"十二五"用水总量控制指标对照

(单位:万 m^3)

行政区	地表水	地下水	黄河水	长江水	合计
所在区域控制指标	12 500	10 200	1 860	555	25 115
所在区域现状年供水量	9 303	11 997	—	—	22 900

注:地下水均指浅层地下水量。

由表 5-1 可知,高密市 2010 年实际供水量与"十二五"用水总量控制指标相比,总量尚有 2 215 万 m^3 的余量。各类水源控制指标中,地表水余量为 3 197 万 m^3,地下水开采超过指标 1 797 万 m^3,客水引黄余量 1 860 万 m^3、引江余量 555 万 m^3,小计 2 415 万 m^3。2010 年地下水实际开采量超过了所在区域"十二五"用水总量控制中的地下水指标,究其原因:一是分配给高密市的长江水尚未通水,因此无法利用;二是分配给高密市的黄河水,可引黄时段与高密市实际用水时期不符,且缺少调蓄工程,因此难以利用;三是当地地表水资源调蓄能力有限,为满足供水需求,不得不超量开采地下水。未来时期在严格禁止开采深层地下水的前提下,将对浅层地下水开采实行压减,压采规模要求达到1 797 万 m^3。

拟建水库兴利库容为 1 750 万 m^3,主要拦蓄上游王吴水库弃水和区间雨洪水资源,可满足农村生活日供水 0.5 万 m^3 以及 5.2 万亩灌溉用水的需求。项目建成后,水库灌区的灌溉水利用系数将由目前的 0.52 提高至 0.70,每年的灌溉用水量将由 1 643 万 m^3 下降至 1 220.6 万 m^3,可节约用水 422.4 万 m^3。另外,本项目供农村生活用水 182.6 万 m^3,实现了由地下水源向地表水集中供水的调整,有利于全市供水结构调整。因此,本项目取水在高密市用水总量控制指标范围内。而且节约出的灌溉用水可以转向农村生活用水,优化供水结构,为全市地下水压采、减采创造了条件。

(五)项目建设是改善当地水环境、保障下游河道生态健康的需要

　　拟建水库的建设将造就一个两岸绿树成荫、环境优美的人工湖面;有效改善当地环境面貌,为当地居民提供集休闲、娱乐、旅游为一体的文化休闲公园;在库区建设湖心岛,在邻近围坝处建设亲水沙滩、观景平台;在保护现有老林的基础上,建设休闲生态园,为周边居民提供一处休闲场所。此外,项目所在河流下游段缺乏有效的调蓄工程,上游来水受季节性降雨影响而呈现出丰枯悬殊的特点,汛期洪水暴涨暴落,不利于生态环境保护。本项目建设完成后,利用该水库的调蓄作用,可以涵养周边地下水,保障下游河道基本的生态用水,实现对水生态环境的保护和修复。因此,该水库建设有利于改善当地水环境、保护下游河道的生态健康。

　　综上所述,本次论证认为本项目取水是合理的。

二、用水合理性分析

(一)用水方案

　　拟建水库是一项兼具灌溉、供水、防洪等多种功能的综合利用工程。建成后在满足下游生态用水的基础上,将向水库灌区、农村生活供水,设计保证率分别为50%和90%。

(二)农村生活用水合理性分析

　　根据项目建议书,水库建成后将向农村生活供水,供水区为所在区域柏城镇尚未实现"村村通"自来水的行政村,包括农村居民生活用水和牲畜用水,供水量为 0.5 万 m³/d,论证时特对供水区内农村生活用水合理性进行分析。

1. 供水现状及存在的问题

柏城镇共有 92 个行政村,目前只有 23 个行政村实现了"村村通"自来水,因此供水区为柏城镇还没有实现"村村通"自来水的 69 个行政村,具体地理分布见供水区范围图(略)。

现状年供水区内农村生活用水量为 153 万 m³,其中居民生活用水量为 102 万 m³、牲畜用水量为 51 万 m³。

供水区内农村供水主要靠村民自己打井取地下水解决,虽然从近十年当地地下水位变化情况来看,并未引起水位下降等问题,但这种供水方式存在供水保证程度低和水质得不到保证两个主要问题。因此,水库建成后对供水范围内农村居民实行集中供水,将使农村用水在量和质上都会得到保障。

总之,利用该水库彻底解决柏城镇农村生活用水问题,是当地大力推进民生水利建设的重要体现,其取用水是合理的。

2. 规划水平年供水区农村生活需水量预测

1) 规划水平年人口与牲畜指标预测

现状年人口等指标按《高密市统计年鉴(2011)》等资料统计确定,2020 规划水平年发展指标根据山东省、潍坊市及当地国民经济发展规划发展目标确定。

(1) 人口发展指标预测。2010 年柏城镇总人口为 7.15 万,供水区内总人口为 4.54 万。按国家计划生育政策要求和柏城镇现状年实际情况,确定 2010~2020 年人口自然增长率为 0.5‰。按此计算,2020 年供水范围内总人口将达到 4.56 万。

(2) 牲畜发展指标预测。柏城镇现状年大牲畜存栏 0.66 万头,小牲畜存栏 8.62 万头。供水区内现状年大牲畜存栏 0.48 万头,小牲畜存栏 6.15 万头,根据有关规划和所在区域现状年实际情况,预测 2020 年大牲畜存栏 0.46 万头,小牲畜存栏 6.38 万头。

供水区内人口与牲畜指标的预测充分考虑《山东省水资源综合规划》《潍坊市国民经济和社会发展第十二个五年规划纲要》、产业政策等有关规划政策,预测结果是合理的。

2)用水定额预测

(1)农村居民生活用水定额。柏城镇现状年农村居民用水定额为62 L/(人·d)。根据《山东省水资源综合规划》,随着柏城镇现状用水水平和未来科技进步、社会发展及节水水平的提高,预测2020年供水区内农村居民用水定额为80 L/(人·d)。

(2)牲畜用水定额。根据《山东省水资源综合规划》,大、小牲畜不同水平年用水量分别为40 L/(头·d)和20 L/(头·d)。

本次用水定额的预测依据《山东省水资源综合规划》《潍坊市节水型社会建设"十二五"规划》《潍坊市水利发展"十二五"规划》等确定,预测结果是合理的。

3)需水量预测

根据供水区内规划水平年人口与牲畜指标和用水定额计算规划水平年供水区农村生活需水量。供水区内规划水平年需水量预测结果见表5-2。

表5-2　供水区内规划水平年需水量预测成果

水平年	2020 年
生活需水量(万 m^3)	133
牲畜需水量(万 m^3)	54
总需水量(万 m^3)	187

从表5-2可以看出,供水区内需水总量为187万 m^3,日需水量为0.51 万 m^3。

3.农村生活供水规模合理性分析

2020年供水区内需水总量为187万 m^3/a。考虑到该水库的蓄水规模和供水能力,该水库向供水区日供水0.5万 m^3 是合适的。本次在预测规划水平年农村用水量时,采用的综合用水定额分别满足《山东省水资源综合规划》《潍坊市2011~2015年用水效率控制指标(暂行)》《潍坊市节水型社会建设"十二五"规划》《潍坊市水利发展"十二五"规划》和最严格的水资源管理制度的指标,由于该水库为农村居民供水,用水户用水指标亦符合水资源配置管理的要求。不仅如此,该水库建成后基本解决了柏城镇农村居民用水的需求,同时提高了其供水保证率和居民饮水质量。

(三)水库灌区用水合理性分析

1. 灌区概况

水库灌区规划改善农田灌溉面积5.2万亩,其中柏城镇灌溉面积为3.6万亩、朝阳街道办事处灌溉面积为1.6万亩。

柏城镇在项目所在河流左岸有15个村,灌溉面积为1.4万亩;右岸有24个村,灌溉面积为2.2万亩。朝阳街道办事处规划灌溉18个村,位于河流右岸,灌溉面积为1.6万亩。灌区地理分布详见灌区范围图(略)。灌区现状用水由村民自发从河道提取地表水,灌溉水利用效率仅为0.52,现状一般年份灌溉需水量为1 643万 m³/a。

2. 灌溉设计供水保证率

灌区内主要作物为冬小麦、棉花、高粱、夏玉米、大豆、秋地瓜、花生等。据项目建议书,灌区设计供水保证率为50%。鉴于该水库灌区农作物以旱作物为主,本次论证认为采用50%供水保证率符合《灌溉与排水工程设计规范》(GB 50288—99)和《水利工程计算规范》(SL 104—95)中的有关要求。

3. 净灌溉定额

水库灌区内种植的主要作物为冬小麦、棉花、高粱、夏玉米、地瓜、花生和大豆,复种指数为1.70。

计算过程中,确定种植比例时按照秋播作物以冬小麦为代表,夏播作物以夏玉米为代表(其他经济作物即其他夏作物并入玉米),春播作物以棉花为代表(其他春作物并入棉花)。

作物净灌溉需水量是指作物在生育期内扣除有效降雨量及地下水对根系层补给量之后作物的实际需水量,本次计算中有效降雨量计算公式见表5-3。

表 5-3　有效降雨量计算公式

降雨量 $R(t)$	有效降雨量 $R_0(t)$
$R(t) \leqslant 5$ mm/d	$R_0(t) = 0 \, (\text{mm/d})$
5 mm/d $\leqslant R(t) \leqslant 80$ mm/d	$R_0(t) = 0.8R(t) \, (\text{mm/d})$
80 mm/d $\leqslant R(t)$	$R_0(t) = 64 \, (\text{mm/d})$

本次计算中不考虑地下水对根系层的补给量,结合 1960～2007 年逐日降水量,计算出 1960～2007 年拟建水库灌区历年逐月灌溉净定额。经计算,多年平均灌溉净定额为 164.3 m^3/亩。水库灌区灌溉净定额与当地多年灌水实践经验相吻合,符合《山东省主要农作物灌溉定额》(DB37/T 1640—2010)的要求,是合理的。

4. 灌溉水利用系数

灌溉水利用系数是实际灌入农田的有效水量和渠首引入水量的比值,是反映节水灌溉水平特别是工程标准的重要指标。为提高灌溉水利用水平,水库灌区节水改造工程将对主要渠道实施混凝土衬砌、U 形槽衬砌防渗,同时田间采用低压管道、喷灌、滴灌等节水灌溉方式。据区域高标准农田建设规划,水库灌区内高效节水灌溉工程面积将达 3 万亩,其中低压管道输水灌溉面积 2.25 万亩、喷滴灌面积 0.75 万亩。这些工程的建成将有力提高灌区的灌溉水利用系数。

项目建议书根据灌区规模、《潍坊市节水型社会建设"十二五"规划》和《山东省潍坊市高密市农田水利建设规划》,确定该水库灌区灌溉水利用系数为 0.70,符合《节水灌溉技术规范》(SL 207—98)的要求,是合理的。

综上分析,本次论证认为水库灌区用水是合理的。

三、节水潜力与节水措施分析

节约用水是水资源保障机制中不可缺少的重要组成部分。大量用水既浪费水资源,加大供水压力,又增加废污水量,加重治理难度和水环境压力,导致水资源开发利用的恶性循环。因此,节水是水资源可持续发展的重要措施。要以经济合理和保护水环境为条件,凡是可以重复利用的水要多次使用,做到各种水质的水都能"水尽其用",提高污水的处理回用率。

(一)生活节水潜力与节水措施

1.实施供水管网更新改造,降低漏失率

加强供水管网的改造与维修管护,减少和杜绝跑、冒、滴、漏等现象,可以减少输水管网的输水损失,从而节约水资源。

2.对节水产品进行认证,提高节水器具普及率

生产厂家生产的水利管材、管件、器具均应在节水设备的试验基地进行测试,检验是否具有节水功能,达到节水效率指标,并发放检验合格证,凭证进入市场。各级用水户购买用水产品应检查其节水合格证,建立节水器具市场认定和准入制度,从源头杜绝高耗水产品流入市场。

3.利用各种宣传媒体,加强节水宣传工作

利用各种类型的宣传方式,进行《中华人民共和国水法》宣传,让全社会人人了解节约水资源的紧迫形势,了解开展节约用水的重要作用。通过宣传教育提高广大居民的节水意识,使节约用水变成广大居民的自觉行动。

(二)农业节水潜力与节水措施

农业节水的主要措施:一是要加快调整农业内部结构,发展特色农业;二是要推进农业节水工程建设,规划水平年,拟建水库灌区的灌溉水利用系数将提高到0.7。

1.农业内部结构调整

在确保粮食安全的基础上,调整农业内部种植结构,大力发展特色农业。鼓励引导种植和发展节水、高效的农作物,促进高效用水,大幅度降低农业万元增加值取水量,积极培育特优品牌,发展优质、高产、高效、生态、安全的农业体系,加快农业产业化步伐,在稳步调整中推进农业现代化进程。

坚持数量、质量、结构、效益相统一,面向市场推进农业结构调整,提高农产品竞争力和农业综合效益。

2. 农业节水工程建设

农业节水主要是通过改变输水方式来提高用水效率,具体包括低压管道灌溉技术、喷灌技术、微灌技术、渠道防渗技术、田间工程改造技术等。

对于该水库灌区,主要的农业节水措施为:一是因地制宜发展喷灌技术,大力发展微灌技术;二是要大力发展渠道防渗、低压管道输水相结合的灌溉工程;三是加快田间工程改造,扩大节水灌溉面积。

四、合理取用水量

该水库用水户为水库灌区和柏城镇农村生活。

为满足柏城镇农村生活用水需求,经计算,合理需水量为 182.6 万 m^3(0.5 万 m^3/d)。通过选择合理的灌溉制度对拟建水库灌区 5.2 万亩农田进行需水预测,经计算,灌区合理年需水量为 1 220.6 万 m^3。因此,拟建水库合理年取用水量为 1 403.2 万 m^3,其中农村生活用水量为 182.6 万 m^3,保证率为 90%;农田灌溉用水量为 1 220.6 万 m^3,保证率为 50%。

本项目建设前后,规划水平年工程供水区需水及供水水源情况见表 5-4。可以看出,该水库的建设对当地水资源的开发利用具有重要意义:一是该水库兴利库容达 1 750 万 m^3,主要是拦蓄上游王吴水库弃水和区间雨洪水,在不增加区域用水总量指标的基础上,提高了区域地表水的调蓄能力;二是提高了灌区内农田灌溉用水效率,节约了水资源,年均节水量约 422.4 万 m^3;三是保障群众饮水安全,实现了柏城镇部分群众集中供水,提高了饮用水水质及供水保证率;四是促进区域供水结构调整,有利于用水总量控制,通过水库供水可减少柏城镇地下水开采量 182.6 万 m^3,为地下水压采、减采创造了条件。

总之,该水库项目建设符合国家相关产业政策、相关规划和水资源配置、管理的有关规定,符合最严格水资源管理制度用水总量、用水效率、水功能区限制纳污控制指标的规定;通过用水水平分析可知,该项目用水水平符合相关标准和要求,取用水合理。

表 5-4 项目建设前后供水区用水情况对比

工况	项目建设前			项目建设后		
用水类型	农田灌溉	农村生活	合计	农田灌溉	农村生活	合计
水源类型	地表水	地下水		地表水	地表水	
占用水量 （万 m³）	1 643.0	182.6	1 825.6	1 220.6	182.6	1 403.2
用水总量 占用情况	占用地表 水指标	占用地下 水指标	占用全 市指标	节约地表 水指标	优化水源、 减少地下 水指标	降低全市 占用指标

第三节　取水水源论证

一、依据的资料

根据《水利水电建设项目水资源论证导则》（SL 525—2011）等相关法规规范，在该水库所在区域水资源状况、开发利用现状及取用水合理分析的基础上，遵循水资源的合理配置、高效利用和有效保护的原则，利用相关水文站和雨量站的径流和降水资料、供水范围内需用水量情况，分析可供水量，并分析评价取水水源的水质，论证取水口设置的合理性以及分析取水的可靠性和可行性。本次论证利用的资料包括主体工程设计成果、区域水资源评价成果、区域水资源规划成果、流域水文站网实测数据等。

二、可供水量计算

（一）基本情况

1. 流域概况

拟建水库位于胶河中下游。胶河是南胶莱河的一条最大支流，地理坐标为东经 119°46′36″ ~ 119°48′04″,北纬 36°15′50″ ~ 36°13′53″。所在河流干流全长 106.5 km,总流域面积 531.4 km²,在项目所在区域境内全长 62.5 km,流域面积 202.4 km²。

拟建水库总流域面积为 459.1 km²,其中上游王吴水库控制流域面积为 344 km²,王吴水库—拟建水库区间流域面积为 115.1 km²。

2. 地形地貌

胶河流域地形呈长叶状,地形南高北低,流域南部为海拔 45 m 以上的山丘区,区内丘陵蜿蜒起伏,丘陵多为土丘,极易剥蚀,冲沟发育。北部为平原山丘混合区,海拔 40 ~ 100 m。

流域内无高山区,少部分为低矮丘陵,大部分为平原。地形南高北低,上游为丘陵,河流中部为山前平原区,系华北大平原中的内陆边缘,区内地形成缓坡状态,河道两侧是滨海地带。河流下游是海拔 15 m 以下的区域,为低平地,系堆积平原,地势平展低洼。河道曲折多弯,河道上游宽阔,坡度较陡;而下游河道狭窄,坡度较缓。河道宽度上游可达 200 余 m,下游最窄处近 60 m,流域内为农业种植区,植被条件一般。

3. 气候气象

拟建水库流域地处暖温带季风气候区,具有夏季高温多雨、冬寒晴燥、春旱多风、秋旱少雨、气候多变、四季分明的特点。据统计,多年平均气温 12 ℃,极值最高气温 40.8 ℃,发生于 1968 年 6 月 11 日;极值最低气温 -24.5 ℃,发生于 1957 年 1 月 23 日。多年平均无霜期 197 d。风向多变,全年以东南风居多,冬季多刮西北风,夏季盛行偏南风,历年最大风速 24 m/s,主导风向为 NW。1952 ~ 2007 年多年平均降水量为 716.4 mm,降水随时空变化较大,主要表现在四个方面:一是降水年际变化较大,如 1964 年流域平均降水量为 1 254.4 mm,而 1981 年流域平均降水量仅 390.3 mm,丰枯比达 3.21;二是降水年内分配不均,年内降水主要集中于汛期的 6 ~ 9 月,约占全年降水量的 72%;三是降水在地域上分布不均,总的趋势是降水山区多于平原,东部多于西部;四是具有丰枯交替、周期变化和持续时间较长的规律。如 1959 ~ 1962 年的丰水期,年平均降水量为 917.3 mm,比多年平均值多 27.8%,1986 ~

1989 年的枯水期,年平均降水量为 502.3 mm,比多年平均值少 30.0%。由于降水的时空变化较大,因此流域内水旱灾害时常发生。

4. 水文站网及资料情况

拟建水库流域内原设有雨量站 8 处,其中 5 处雨量站停测,现有雨量站为 3 处。水文站有 3 处:①王吴水库水文站,1960 年 1 月设站观测,1986 年 1 月撤站;②六旺水文站,1952 年 6 月设站,具有 56 年完整的流量观测资料;③红旗水文站,1951 年 5 月设站观测,1998 年停测水位、流量测验项目,保留雨量、墒情测验项目,有 1958～1998 年 41 年完整的流量观测资料。

5. 水库设计特征

拟建水库设计死水位 24.5 m、死库容 101.56 万 m³;兴利水位 33.0 m,兴利库容 1750 万 m³;300 年一遇校核洪水位 35.79 m,相应总库容 2 641 万 m³。水库为具有灌溉、供水、防洪等综合功能的中型水库。设计拦河闸总净宽 100 m,共 10 孔,单孔净宽 10 m。两岸围坝总长 9 940 m,坝顶高程 37.0 m。拟建水库工程建设内容包括围坝、泄洪闸、出库涵闸、拦砂坝、湖心岛和排涝工程等部分。水库水位—面积—库容关系详见曲线图(略)。

(二)来水量分析

1. 分析方法

拟建水库来水量包括王吴水库—拟建水库天然径流量以及王吴水库弃水量,同时还要扣除区间小型水利工程未建设年份的拦蓄水量。

分析时,来水量包括现状水平年来水量和规划水平年来水量。经调查,拟建水库以上流域在 2010～2020 年期间尚没有规划的地表拦蓄工程,区域来水量系列在可预见期内不会发生变化;王吴水库现状供水户受全市用水总量控制也不会再增加,各用水户用水量增长只能通过内部生产结构调整或提高节水水平来解决,水库下泄水量系列在可预见期内也不会发生变化。因此,本次论证中规划水平年来水量与现状水平年来水量一致,两者一并计算分析。

2. 水文系列确定

本次论证结合资料情况选取水文系列为 1960~2007 年。由于拟建的水库没有实测径流资料,附近也无长系列径流资料,考虑到降水和径流关系较为密切,因此选用附近雨量站长系列降水资料进行代表性分析,来确定水文系列。在水库东南部 64 km 处有青岛雨量站,1899~2007 年共有 109 年降水量资料,拟建水库、青岛站 1960~2007 年同期年降水量过程线见图 5-1。

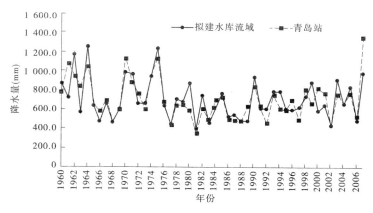

图 5-1　拟建水库流域平均降水量与青岛站同期过程线

从图 5-1 可以看出,拟建水库年降水量系列的丰枯变化规律与青岛站相似,连续枯水年组的出现也比较相近,故选用青岛雨量站长系列资料作为代表性分析的依据。

资料系列代表性一般是指某一具有可靠性和一致性的资料系列样本分布对总体分布的代表性。通常是将较长的资料系列近似地看作总体,用它来衡量各个样本分布的代表性。青岛站长系列(1899~2007年)109 年的均值为 678.6 mm,$C_v=0.25$,系列样本(1960~2007 年)48年的均值为 704.3 mm、$C_v=0.27$,取 $C_s=2.0C_v$,求得该站两系列 95%频率 95% 的年降水量,见表 5-5。

表 5-5　青岛站长短系列降水资料代表性分析

项目	1899～2007 年	1960～2007 年	相对偏差(%)
多年平均年降水量 (mm)	678.6	704.3	3.8
C_v(C_s = 2.0C_v)	0.25	0.27	8
P = 95% 年降水量 (mm)	425.8	418.4	-1.7

由表 5-5 可知,青岛站短系列均值比长系列均值偏大 3.8%,比短系列的离差系数 C_v 值偏大 8%,比短系列 P = 95% 的年降水量偏小 1.7%。两系列的均值、C_v 值相近,因此短系列(1960～2007 年)降水资料在长系列中具有较好的代表性。

综上认为,1960～2007 年作为拟建水库来水量分析的水文系列具有较好的代表性。

3.天然径流量还原计算

天然径流量还原计算包括拟建水库上游王吴水库天然径流量还原计算和王吴水库—拟建水库天然径流量还原计算。前者采用水库水文站年降水量及天然径流量系列资料经调算后得到;后者则采用水文比拟法,依据王吴水库—拟建水库流域平均降水量移用王吴水库水文站年径流系数,求得区间天然径流量。

1)王吴水库水文站天然径流量还原计算

利用流域内红旗水文站实测数据进行还原计算。该水文站位于王吴水库以上胶州市西皇姑庵村,1951 年 5 月设站观测,1998 年停测水位、流量测验项目,保留雨量、墒情测验项目,有 1958～1998 年 41 年完整的流量观测资料和实测雨量资料。

《山东省水资源综合调查与评价》曾对红旗水文站控制流域天然径流量进行过还原,系列为 1956～2000 年。本次对王吴水库 1964～1985 年有水文观测资料系列进行还原计算。王吴水库水文站停测年份利用王吴水库水文站与红旗水文站同期天然径流量资料,建立年径流系数相关关系,推求王吴水库水文站天然径流量系列。天然径流量系列为 1960~2007 年。

（1）有水文资料期间的天然径流量还原计算。

对王吴水库以上修建蓄、引、提、调水工程后的工农业耗水量、跨流域引水量以及水库闸坝蓄水变量,采用分项调查分析法进行单站径流还原计算。分项水量调查资料主要以水文年鉴刊布的历年水文调查系列资料成果为依据,应用下列水量平衡方程式进行还原计算:

$$W_{天} = W_{实测} + W_{农耗} + W_{工业} + W_{生活} + W_{蓄} + W_{引水} + W_{分洪决口} + W_{库蒸} + W_{渗}$$

$$\text{(5-1)}$$

式中:$W_{天}$ 为控制站天然径流量,万 m^3;$W_{实测}$ 为控制站实测径流量,万 m^3;$W_{农耗}$ 为农业灌溉耗水量,万 m^3;$W_{工业}$ 为工业耗水量,万 m^3;$W_{生活}$ 为城市生活耗水量,万 m^3;$W_{蓄}$ 为水库蓄水变量,万 m^3;$W_{引水}$ 为跨流域引水量,万 m^3;$W_{分洪决口}$ 为河道分洪、决口水量,万 m^3;$W_{库蒸}$ 为水库蒸发损失水量,万 m^3;$W_{渗}$ 为水库渗漏损失水量,万 m^3。

各项水量的确定方法如下:

①实测径流量 $W_{实测}$。根据上游水库水文站历年实测逐月径流量计算确定。各月径流量之和为年径流量。

②水库蓄水变量 $W_{蓄}$,$W_{蓄} = W_{下年、月1日} - W_{本年、月1日}$。大、中型水库月、年蓄水变量从水文年鉴上各水库实测蓄水变量资料中抄录。小型水库年蓄水变量采用水文调查的年蓄水变量资料求得,其月分配为:当小型水库年蓄水变量为正值时,年蓄水变量分配到本年汛期各月份,依据汛期各月降水量大小分配;当小型水库年蓄水变量为负值时,将年蓄水变量分配到枯水期灌溉月份,依据流域平均降雨量以及各月引用水情况分配。

③跨流域引用水量 $W_{引水}$。其相应引进、引出水量都根据实测资料作还原计算。

④河道分洪、决口水量 $W_{分洪决口}$。其上游流出水量均回归到下游断面,此项不再重复计算。

⑤农业灌溉耗水量 $W_{农耗}$。小型水库无实测灌溉引用水资料,只有

水文调查的年灌溉还原水量、灌溉定额、灌溉亩数等资料,故以毛灌溉用水量近似地作为灌溉耗水量,其年灌溉还原水量的月分配,依照各月份的降水量,分配到各灌溉月份。由于各灌区的情况不同,考虑到灌水方式、土壤、下垫面水文地质、农作物、降水等因素,灌溉时有部分灌溉用水量回归到本断面。故对 20 世纪 80 年代个别丰水年份,灌溉后产生回归水的回归系数取 0.1~0.2,即

$$W_{回归} = W_{引水} \times \beta_{回归} \qquad (5-2)$$

式中:$\beta_{回归}$ 为灌溉回归系数。

⑥工业耗水量 $W_{工业}$。按照对城镇和工业供水的水库,依据实测用水量或调查的工业用水量进行还原计算年耗水量。

⑦城镇生活耗水量 $W_{生活}$。由于其损耗的水量相对较小,并且年内变化不大,按年还原水量,再分配到各月。

⑧水库蒸发损失水量、渗漏损失水量。水库蒸发损失水量由水面蒸发量和水库月平均水面面积计算,渗漏损失水量相对较小,本次计算未予考虑。

按照单站径流还原计算分项调查分析法的要求,逐项对调查资料进行审查,依照水文调查资料原始底稿逐项核对,对不符合实际情况和不符合计算要求的均作相应调整。

(2)王吴水库水文站停测期间的天然径流量计算。

利用王吴水库站与红旗站同期天然径流量与流域平均降水量系列资料,分别推求红旗站与王吴水库站年径流系数,建立年径流系数相关关系。由此根据王吴水库站平均降水量系列推求年径流量系列,年内各月分配采用红旗站年内分配比例。

(3)天然径流量系列合理性分析。

对王吴水库有水文资料期间还原成果与利用红旗站推求成果进行对比,结果表明两者变化趋势一致,数值非常接近。通过对王吴水库站降水量系列与天然径流量系列对比,两者丰枯变化规律一致,说明推求成果合理可靠。王吴水库还原计算成果与相关法计算成果同期对比见图 5-2。

王吴水库站年降水量与年径流深对比见图 5-3。

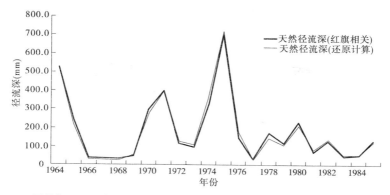

图5-2　王吴水库站还原计算成果与相关法计算成果同期对比

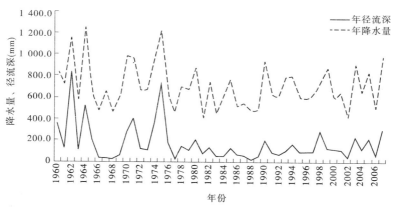

图5-3　王吴水库站年降水量与年径流深对比

经还原计算可知,王吴水库多年平均天然径流量为5 889.9 万 m^3,详见王吴水库天然径流量还原成果(略)。

2)王吴水库—拟建水库区间天然径流量计算

根据王吴水库站年降水量及天然径流量系列,利用区间流域平均降水量系列资料,采用水文比拟法计算区间天然径流量。

通过对王吴水库—拟建水库区间1960～2007年天然来水系列进行频率计算,经适线分析(采用 $C_v = 0.98$、$C_s = 2.3 C_v$),求得多年平均年来水量为 1 970.7 万 m^3。分析计算成果见表5-6、图5-4。

表 5-6　王吴水库—拟建水库区间不同频率天然径流量　　（单位:万 m³）

均值	C_v	C_s/C_v	$P=25\%$	$P=50\%$	$P=75\%$	$P=95\%$
1 907.7	0.98	2.3	2 506.3	1 339.2	735.8	310.7

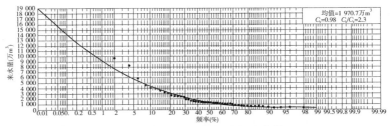

图 5-4　区间天然年径流频率曲线

4. 王吴水库弃水量计算

王吴水库弃水量是利用其现状来水量,结合用水资料,在满足不同保证率的条件下,经逐月兴利调节计算得到的。

1) 王吴水库现状来水量

王吴水库现状来水量是在水库天然径流量的基础上,扣除现状上游水库以上拦蓄水工程的蓄水量和用水量后的水量。

计算公式为

$$W = W_{天} - W_{拦} - W_{提} \qquad (5\text{-}3)$$

式中:W 为现状来水量;$W_{天}$ 为天然径流量;$W_{拦}$ 为水库上游拦蓄利用水量;$W_{提}$ 为沿河灌区提用水量。

各项要素的计算方法如下。

(1)上游水库应扣除的灌溉用水量。

上游水库拦蓄利用水量为农业灌溉用水,本次计算采用扣除灌溉用水量的方法。具体计算方法为:选取王吴水库站作为参证站,用面积比法计算上游水库的来水量,按现状年最大实灌面积和灌溉定额计算灌溉用水量,当灌溉用水量及兴利库容均大于来水量时,取 $W_{拦}$ 为来水量;当灌溉用水量小于来水量大于兴利库容时,取 $W_{拦}$ 为灌溉用水量;当兴利库容大于灌溉用水量小于来水量时,取 $W_{拦}$ 为兴利库容。中、小(1)型水库拦蓄利用水量的月分配按参证站各月来水量分配比计算。

（2）上游闸坝引河灌区应扣除的引用水量。

上游灌区未建年份的引用水量，用各灌区的实灌面积，乘以灌溉定额求得。

通过以上计算，求得王吴水库现状水平年多年平均来水量为5 719.8万 m^3。

2）王吴水库长系列时历法调节计算

根据王吴水库现状来水量和用水量系列，采用水量平衡原理，逐年逐月进行连续调算。由于水库现状来水量中包含水面蒸发、渗漏损失水量，故采用"计入水量损失的时历列表法"进行多年兴利调节计算。

对王吴水库现状来水量系列进行水库长系列变动用水时历法多年调节计算，结果表明，在满足城市年均需水量1 000万 m^3 的情况下，可保证的农业灌溉面积6.5万亩，保证率为51%。

3）王吴水库下泄水量计算

根据王吴水库时历法调算结果，得出王吴水库下泄至拟建水库的逐年水量，多年平均为2 856.5万 m^3。

王吴水库历年（1964～1985年）实测下泄水量统计表明，该水库多年平均实测的下泄水量为3 771万 m^3；同期水库调算的多年平均下泄水量为3 494万 m^3，两者相差277万 m^3。究其原因，是调算过程中考虑了现状王吴流域新增工程的影响。总的来看，通过水库调算得出的下泄水量是合理的。

5. 拟建水库来水量分析计算

在计算出王吴水库弃水量以及区间天然径流量，再扣除区间小型水利工程的拦蓄水量后，即得到拟建水库来水量。经计算，拟建水库多年平均来水量为4 740.8万 m^3。

6. 拟建水库来水量系列的特征和合理性分析

拟建水库1960～2006年（水文年）来水量47年系列的特征：一是来水量的年际变化大，丰、枯水年明显，最丰的1962年为3.47亿 m^3；最枯的1977年，为176.5万 m^3，极值比为197；二是丰水年出现次数少，但来水量大，在47的系列中丰水年有12年，枯水年有35年，来水量集中于丰水年，丰水年来水量占总来水量的73%；三是丰、枯水年连续出现，在47年的来水量系列中，有3个丰水周期，每个周期2年，如 1964~1965 年、1970~1971 年、1972~1973 年,有 5 个枯水期,每个周期 2~14 年,如 1966~1969 年、1972~1973 年、1976~1989 年、1991~1997 年、1999~2002 年。连续枯水年组,周期长且来水量明显偏少,如 1976~1989 年 14 年平均来水量为多年平均来水量的 34%,最枯的 1977 年来水量仅为 176.5 万 m^3,为多年平均来水量的 3.72%,对正常供水较为不利。

将拟建水库现状来水量系列转换成径流深,并与同期流域平均降水量系列进行点绘过程线分析,详见图 5-5。可以看出,两系列丰枯变化规律一致,是合理的。

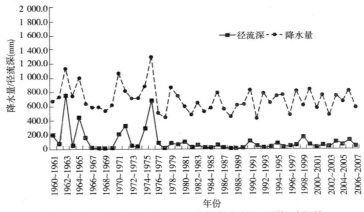

图 5-5　拟建水库流域平均降水量与径流深同期过程线

拟建水库的来水量系列长度为 48 年,满足规范要求。系列中包含了 20 世纪 70 年代的较丰水年份,而且也包括了 80 年代的较枯水年份,其丰枯代表性较好。因此,拟建水库的来水量系列一致性、代表性、可靠性均较好,成果是合理可信的。

（三）用水量分析

1. 供水对象

拟建水库是一座兼具灌溉、供水、防洪等综合功能的中型水库。水库除承担部分农村生活用水外,主要承担柏城镇、朝阳街道办事处等的农业灌溉用水,同时还承担坝址下游河道的生态补水。

2. 农村生活需水

根据分析,供水区内日需水量为 0.51 万 m^3,考虑到拟建水库的蓄水规模和供水能力,农村需水按照 0.5 万 m^3/d 考虑,历年逐月需水量按天数推算。

根据《室外给水设计规范》(GB 50013—2006)第 5.1.4 条:"用地表水作为城市供水水源时,其设计枯水流量的年保证率,应根据城市规模和工业大用户的重要性选定,宜用 90% ~ 97%。注:镇的设计枯水流量保证率,可根据具体情况适当降低"。由于拟建水库为农村用水供水水源,经综合分析供水保证率按 90% 考虑。

3. 农业需水

1)农业灌溉

拟建水库规划改善农业灌溉面积 5.2 万亩,其中柏城镇灌溉面积为 3.6 万亩、朝阳街道办事处灌溉面积为 1.6 万亩。

2)灌溉用水保证率

灌区内主要作物为冬小麦、棉花、高粱、夏玉米、大豆、秋地瓜、花生等。根据有关规范的规定,农业灌溉用水保证率(按年计算)采用 50%。

3)农业灌溉需水量

根据前述计算,多年平均灌溉净定额为 164.3 $m^3/$ 亩

结合灌溉设施的建设规划,《潍坊市节水型社会建设"十二五"规划》和《山东省潍坊市高密市农田水利建设规划》,2020 年灌溉水利用系数取 0.7。

灌区需水量计算公式为

$$W_{总} = AW_{净} / \eta \qquad (5-4)$$

式中:$W_{总}$ 为灌溉用水总量,万 m^3;A 为灌溉面积,万亩;$W_{净}$ 为灌溉净定额,$m^3/$ 亩;η 为灌溉水利用系数。

经计算,灌区年总需水量为 1 220.6 万 m^3。

4. 水库下游河道生态环境需水量分析

水是生态环境中最活跃、最重要的要素,它积极参与生态环境中一系列物理、化学和生物过程,是人类生产、生活和生态环境建设中不可替代的、极其宝贵的自然资源。在河流上兴建水库,其下游河道的水量

将会减少,破坏了原始河流生态的连续性,所以对下游生态存在一定的影响。

根据 2006 年 1 月国家环境保护总局环评函〔2006〕4 号文"关于印发《水利水电建设项目河道生态用水、低温水和过鱼设施环境影响评价技术指南(试行)》的函",选择水文学法计算维持水生生态系统稳定所需水量。水文学法是以历史流量为基础,根据简单的水文指标确定河道生态环境需水,国内最常采用 Tennant 法进行分析。

据胶河水生生物现状调查成果,河流中主要有鲫鱼、鲤鱼、团鱼、黑鱼等淡水鱼类,水生生物数量、种类偏少,无国家保护珍稀、濒危野生保护物种,水生生态系统较简单。水库坝址以下为农业用水区,水库建成后,其下游农业灌区由直接提水改为从拟建水库引水,对农业灌溉水源无影响。项目所在河流下游无生产、生活用水需求。考虑到水库坝址下游河道内无敏感保护目标,且无生活、生产用水需求,仅需满足下游河道生态基本需水即可。河流本身为季节性河段,在没有工程调蓄的情况下,下游断流现象时有发生。本次论证参照 Tennant 法确定项目所在河流下游河道生态基本需水量为拟建水库坝址断面多年平均来水量的 10%。拟建水库坝址断面多年平均来水量为 4 740.8 万 m³,折算成拟建水库坝址断面平均流量为 0.15 m³/s。根据每月的实际天数,可求出逐月生态需水量。

5. 蒸发、渗漏损失水量

1)蒸发损失水量

水库建成后,库区原有陆地变成水面,原来的陆面蒸发也变成了水面蒸发,由此而增加的蒸发量构成水库蒸发损失。各计算时段(月、年)的蒸发损失采用下公式计算:

$$W_{蒸} = (h_水 - h_陆)(\overline{F}_库 - f) \tag{5-5}$$

式中:$W_蒸$ 为水面蒸发损失量,m³;$h_水$ 为计算时段内库区水面蒸发深度,m;$h_陆$ 为计算时段内库区陆面蒸发深度,m;$\overline{F}_库$ 为计算时段内平均水库水面面积,m²;f 为原天然河道水面面积,m²。

水面蒸发计算采用经验公式法,即以库区及其附近地区蒸发皿观测的蒸发深度,乘以经验系数求得。陆面蒸发采用多年平均降雨量和多年平均径流深之差。

综上所述,水库水面蒸发损失深等于水库水面蒸发深与当地降水量的差值加当地径流深;时段水面蒸发损失水量为时段平均水面面积与水面蒸发损失深的乘积。式(5-5)可以转变为式(5-6)(平均蒸发增损,即陆面蒸发变为水面蒸发所增加的蒸发量):

$$W_{蒸} = (h_{水} - P + R)\frac{(F_{月末} + F_{月初})}{2} \tag{5-6}$$

式中:$W_{蒸}$为水面蒸发损失量,m^3;$h_{水}$为库区水面蒸发深度,m;P为多年平均降雨深,m;R为多年平均径流深,m;$F_{月初}$、$F_{月末}$为水库月初、月末库容面积,m^2。

本次调算中,多年水面蒸发深采用临近潍河流域、下垫面条件与拟建水库流域气候特征相似的峡山水库站1960～2007年实测蒸发资料,扣除陆面蒸发后多年平均蒸发增损为663.2 mm。

2)渗漏损失水量

拟建水库两岸堤基均分布有中细砂和砾质粗砂,第四系地层具有中等—强透水性,为透水层。为此,主体工程项目建议书中明确了相关的防渗处理措施:拟建水库围坝坝基和拦河闸基础防渗采用钢筋混凝土防渗墙方案,厚30 cm,墙底深入基岩1.0 m,施工工艺为连锁式柱状地下连续墙施工技术,坝体防渗采用沿上游坝坡铺设复合土工膜方案。该设计防渗措施较全面,同类工程显示具有良好的防渗效果。为此,兴利调节计算中渗漏损失水量按月均库容的0.2%考虑。

(四)可供水量计算

1.调节计算原理

根据水量平衡原理,进行水库调节计算。

2.调节计算原则

由于水库来水量中包含水面蒸发、渗漏损失水量,故采用"计入水量损失的时历列表法"进行多年兴利调节计算。调算时以月为计算时段。

拟建水库兴利调度过程中,优先保证下游生态用水,在此基础上依次向农村和灌区农业供水,保证率分别为90%和50%。水库在控制运用中设置农村生活限制库容和农业限制库容,当月末库容小于农村生活限制库容时,停止向农村生活、农业供水,优先保证生态用水;当月末库容小于农业限制库容时,停止向农业供水,优先保证农村生活与生态用水。

1)水库的调度运用方案

拟建水库的调度运用方案具体如下:

(1)校核防洪库容线:为水库校核洪水位。

(2)设计防洪库容线:为水库设计洪水位。

(3)正常蓄水线:为水库兴利水位。

(4)农业供水保证线:为水库保证农村供水、生态补水和农业正常供水相应的水位和库容,采用全系列倒演算的方法,选取连续最枯年份逐月水库月初最大蓄水量和相应水位而得。当水库蓄水量(水位)超过此线时,可加大向农业供水;当水库蓄水量(水位)低于此线时,向农村、生态和农业正常供水。

(5)农业供水限制线:为水库保证农村供水和生态正常供水相应的水位和库容,采用全系列倒演算的方法,选取连续最枯年份逐月水库月初最大蓄水量和相应水位而得。当水库蓄水量(水位)超过此线时,可向农业供水;当水库蓄水量(水位)低于此线时,停止向农业供水,向农村和生态正常供水。

(6)农村生活供水限制线(生态供水保证线):当水库蓄水量(水位)超过此线时,可向农村供水;当水库蓄水量(水位)低于此线时,停止向农村供水,优先保证生态用水。

2)调度分区

拟建水库调度根据供水需要分为多个调度区:

(1)调洪区:正常蓄水线至校核洪水位线之间区域(Ⅰ区),为校核洪水调洪区;正常蓄水线至设计防洪水位上限线之间的区域(Ⅱ区)为设计洪水调洪区。

(2)加大供水区:保证生态、农村生活、农业正常供水上线与正常蓄水线之间的区域(Ⅲ区)为水库加大供水区。在本区内可加大对生态、农业、农村生活的供水量。

(3)生态、农村生活、农业正常供水区:农业供水限制线至农业供水保证线之间的区域（Ⅳ区）为水库生态、农村生活和农业正常供水区。

（4）生态、农村生活正常供水区：农业供水限制线至农村生活供水限制线之间区域（Ⅴ区）为水库生态、农村生活正常供水区，在该区停止向农业供水。

（5）生态补水正常供水区：农村生活供水限制线至死库容之间的区域（Ⅵ区）为水库生态正常供水区，停止向农村供水，优先保证生态。

（6）停止供水区：死水位以下区域（Ⅶ区）为停止供水区，本区不再向任何项目供水。

拟建水库调度运用方案详见图5-6。

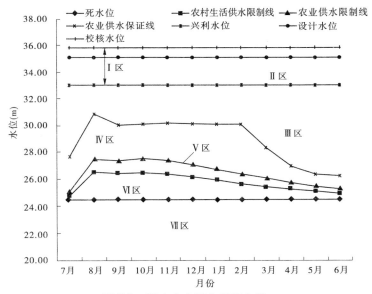

图5-6　拟建水库调度运用方案

3．兴利调节计算

按前述确定的调算方法、调算原则，在充分考虑水库下游河道内生态用水的前提下，对拟建水库进行长系列兴利调节计算，调算成果见表5-7。

表5-7 拟建水库兴利调节计算成果

（单位：万 m³）

水文年	蒸发渗漏损失		灌溉定额	农业用水			工业用水			生态补水量	下泄水量	
	蒸发	渗漏		需水量	供水量	缺水量	需水量	供水量	缺水量		弃水量	小计
1960~1961	264.6	33.8	138.5	1 028.9	1 028.9	0	182.5	182.5	0	482.7	6 938.0	7 420.7
1961~1962	190.0	15.9	203.6	1 512.5	1 294.7	-217.8	182.5	182.5	0	482.7	0	482.7
1962~1963	182.2	38.8	113.4	842.4	842.4	0	182.5	182.5	0	482.7	32 893.1	33 375.8
1963~1964	172.5	31.7	165.3	1 227.9	1 227.9	0	183.0	183.0	0	484.0	532.4	1 016.4
1964~1965	177.1	35.4	120.4	894.4	894.4	0	182.5	182.5	0	482.7	18 505.8	18 988.5
1965~1966	211.3	34.5	209.3	1 554.8	395.9	-1 158.9	182.5	182.5	0	482.7	5 019.8	5 502.5
1966~1967	184.8	25.2	210.3	1 562.2	0	-1 562.2	182.5	182.5	0	482.7	0	482.7
1967~1968	143.9	13.5	143.8	1 068.2	74.3	-993.9	183.0	183.0	0	484.0	0	484.0
1968~1969	106.3	5.9	152.4	1 132.1	0	-1 132.1	182.5	67.5	-115.0	158.5	0	158.5
1969~1970	120.7	6.8	182.7	1 357.2	0	-1 357.2	182.5	46.0	-136.5	482.7	0	482.7
1970~1971	210.8	38.2	96.6	717.6	717.6	0	182.5	182.5	0	482.7	6 065.9	6 548.6
1971~1972	158.3	35.3	151.9	1 128.4	1 128.4	0	183.0	183.0	0	484.0	13 591.5	14 075.5
1972~1973	144.9	24.5	149.3	1 109.1	1 109.1	0	182.5	182.5	0	482.7	0	482.7
1973~1974	184.5	18.0	129.7	963.5	963.5	0	182.5	182.5	0	482.7	0	482.7
1974~1975	215.5	36.2	111.6	829.0	829.0	0	182.5	182.5	0	482.7	10 986.4	11 469.1
1975~1976	167.4	39.9	111.7	829.8	829.8	0	183.0	183.0	0	484.0	28 797.5	29 281.5

续表 5-7

水文年	蒸发渗漏损失		灌溉定额	农业用水			工业用水			生态补水量	下泄水量	
	蒸发	渗漏		需水量	供水量	缺水量	需水量	供水量	缺水量		弃水量	小计
1976~1977	195.2	33.7	156.6	1 163.3	1 163.3	0	182.5	182.5	0	482.7	2 325.4	2 808.1
1977~1978	155.3	12.5	206.4	1 533.3	0	-1 533.3	182.5	167.5	-15.0	122.6	0	122.6
1978~1979	141.8	32.2	92.0	683.4	683.4	0	182.5	182.5	0	482.7	1 065.7	1 548.4
1979~1980	156.6	26.9	166.8	1 239.1	1 239.1	0	183.0	183.0	0	484.0	1 057.9	1 541.9
1980~1981	228.0	35.4	135.0	1 002.9	1 002.9	0	182.5	182.5	0	482.7	3 109.2	3 591.9
1981~1982	195.9	23.7	223.8	1 662.5	840.9	-821.6	182.5	182.5	0	482.7	0	482.7
1982~1983	177.2	27.5	198.6	1 475.3	1 475.3	0	182.5	182.5	0	482.7	0	482.7
1983~1984	116.7	10.2	169.4	1 258.4	0	-1 258.4	183.0	46.0	-137.0	294.2	0	294.2
1984~1985	92.2	9.2	157.9	1 173.0	0	-1 173.0	182.5	182.5	0	482.7	0	482.7
1985~1986	164.3	33.2	178.7	1 327.5	104.0	-1 223.5	182.5	182.5	0	482.7	0	482.7
1986~1987	184.7	35.2	172.6	1 282.2	104.0	-1 178.2	182.5	182.5	0	482.7	0	482.7
1987~1988	183.3	28.2	194.8	1 447.1	0	-1 447.1	183.0	183.0	0	484.0	0	484.0
1988~1989	121.6	14.8	166.3	1 235.4	0	-1 235.4	182.5	182.5	0	482.7	0	482.7
1989~1990	87.6	10.0	159.8	1 187.1	0	-1 187.1	182.5	182.5	0	482.7	0	482.7
1990~1991	127.2	33.4	106.6	791.9	791.9	0	182.5	182.5	0	482.7	3 162.3	3 645.0
1991~1992	174.6	32.8	203.2	1 509.5	839.4	-670.1	183.0	183.0	0	484.0	556.7	1 040.7

续表 5-7

水文年	蒸发渗漏损失		灌溉定额	农业用水			工业用水			生态补水量	下泄水量	
	蒸发	渗漏		需水量	供水量	缺水量	需水量	供水量	缺水量		弃水量	小计
1992~1993	83.7	11.0	158.6	1 178.2	215.2	-963.0	182.5	182.5	0	482.7	0	482.7
1993~1994	89.8	16.9	178.6	1 326.7	393.7	-933.0	182.5	182.5	0	482.7	0	482.7
1994~1995	121.8	33.3	154.4	1 147.0	1 147.0	0	182.5	182.5	0	482.7	1 299.6	1 782.3
1995~1996	72.6	30.7	184.2	1 368.3	762.2	-606.1	183.0	183.0	0	484.0	0	484.0
1996~1997	73.5	28.5	176.6	1 311.9	1 311.9	0	182.5	182.5	0	482.7	91.7	574.4
1997~1998	58.0	12.0	190.0	1 411.4	638.3	-773.1	182.5	182.5	0	482.7	0	482.7
1998~1999	114.1	37.4	196.0	1 456.0	1 456.0	0	182.5	182.5	0	482.7	6 269.7	6 752.4
1999~2000	93.4	31.8	155.2	1 152.9	1 152.9	0	183.0	183.0	0	484.0	676.8	1 160.8
2000~2001	50.7	12.2	232.1	1 724.2	1 439.3	-284.9	182.5	182.5	0	482.7	0	482.7
2001~2002	78.5	30.4	138.5	1 028.9	1 028.9	0	182.5	182.5	0	482.7	260.5	743.2
2002~2003	54.7	13.0	257.9	1 915.8	264.2	-1 651.6	182.5	182.5	0	482.7	0	482.7
2003~2004	69.4	36.6	113.0	839.4	839.4	0	183.0	183.0	0	484.0	3 444.7	3 928.7
2004~2005	75.5	35.2	160.7	1 193.8	1 193.8	0	182.5	182.5	0	482.7	579.0	1 061.7
2005~2006	85.1	34.3	181.3	1 346.8	1 346.8	0	182.5	182.5	0	482.7	4 390.3	4 873.0
2006~2007	57.8	12.6	166.8	1 239.1	695.7	-543.4	182.5	182.5	0	482.7	0	482.7
均值	138.6	25.7	164.3	1 220.6	712.0	-508.6	182.6	174.0	-8.6	464.4	3 225.9	3 690.3

经计算,农田灌溉多年平均供水量为 712.0 万 m^3,保证率为 50%,满足农业用水设计保证率 50% 的要求;年均农村生活供水量为 174.0 万 m^3,供水保证率为 91%,满足农村用水设计保证率 90% 的要求。

三、水资源质量评价

(一)水功能区划

项目所在河流总流域面积为 531.4 km^2,根据《山东省水功能区划》,一级水功能区属于胶河青岛潍坊开发利用区,二级水功能区包含褚家王吴水库饮用水源区和胶河高密农业用水区。褚家王吴水库饮用水源区,水质目标为 Ⅲ 类;胶河高密农业用水区,水质目标为 Ⅴ 类。因此,胶河王吴水库坝址以上流域按地表水 Ⅲ 类水控制,王吴水库坝址以下流域按地表水 Ⅴ 类水控制。

(二)项目所在河流现状水质

选择 2012 年项目所在河流王吴水库坝下、李家营桥上和姚哥庄桥上等主要断面的水质资料进行评价,山东省水环境检测中心潍坊分中心 2012 年 3 月 25 日和 2012 年 8 月 25 日对三个断面的水质进行了检测。

采用《地表水环境质量标准》(GB 3838—2002)进行地表水质量评价,评价结果表明,上游王吴水库坝下水质达到地表水 Ⅲ 类标准,符合王吴水库饮用水源区的水质目标;李家营桥上和姚哥庄桥上两个断面水质达到地表水 Ⅲ 类标准,符合胶河高密农业用水区的水质目标。

(三)拟建坝址处水资源质量评价

拟建水库水资源质量评价选择断面为坝址上游的李家营桥上断面。根据山东省水环境检测中心潍坊分中心 2012 年 3 月 25 日和 2012 年 8 月 25 日的水质检测报告,采用《地表水环境质量标准》(GB 3838—2002)进行水质分析以评价该水源对农村生活供水的可行性,根据《农田灌溉水质标准》(GB 5084—2005)进行水质分析以评价该水源对灌区农田灌溉的可行性,结果表明,拟建水库处水源水质可以满足供水要求。

(四)污染源调查

拟建水库区域内无野生保护动植物,区域内无工业企业,无工业污染,因此主要污染源为生活污水和农业面源污染。

1.生活污水

流域内村庄分布较散,现状年供水区内农村生活需水量为 153 万 m^3,农村生活用水产污率按 70% 计列,则生活污水量为 107.1 万 m^3。现状流域内对农村生活污水未进行拦截处理,渗入地下或流入小沟渠沟道,会造成一定的污染。

2.面源污染

王吴水库—拟建水库区间流域面积为 115.1 km^2,耕地约占 80%,多年平均天然径流量为 1 907.7 万 m^3。水库水质主要面污染源为农业耕地地表径流水中污染物,农业耕地的污染物中主要污染物来源于所施用化肥中 P、N 及农药的流失和地表被径流冲刷及溶出的 COD 等各种污染物。

(五)规划水平年水质和污染源预测与评价

规划水平年,供水区内年均农村生活供水量为 174 万 m^3,农村生活用水产污率按 70% 计算,则生活污水量为 121.8 万 m^3。伴随着社会主义新农村建设的持续推进,将对农村生活污水收集处理,进入镇街小型污水处理厂,形成"分散收集、专管输送、集中处理、达标排放"的良性运行机制。农村垃圾建立"户集、村收、镇运、县(市、区)处理"的垃圾处理模式,配备相应的垃圾运输车辆,公道设置村庄垃圾收集点,添置垃圾桶等环卫设施,形成比较完善的城乡垃圾收集、中转和运输体系。因此,规划水平年最终流入河流的农村生活污水比较有限。与此同时,随着流域内农业生产的发展,化肥农药施用量可能会逐渐增大,上游污废水排放量将有可能增加,管理部门应予以足够重视,并采取积极有效的措施,确保水环境不受污染。

拟建水库除向水库灌区供水外还向农村生活供水,虽然所在水功能区现状水质达到地表水Ⅲ类标准,但如果按现状水功能区划控制,拟建水库向农村居民供水可能存在水质不达标等水质风险。因此,为了有效地保护水库水质,需对现有二级水功能区划作出调整,即将褚家王吴水库坝下到拟建水库坝下也归入褚家王吴水库饮用水源区,水质目标按地表水Ⅲ类水质控制。建议当地水行政主管部门尽快作出调整水功能区划的申请,报请有关部门批准。因此,规划水平年拟建水库水质将为Ⅲ类,满足水库供水的水质要求。

四、取水口合理性分析

取水口合理性分析包括水库自身取水口位置合理性分析和水库用水户取水口位置合理性分析。其中,水库自身取水口位置合理性分析即为水库坝址的合理性分析,从主体工程设计成果可知,拟建水库坝址附近河段河床基本稳定,并且上游现状没有大的取水口,对其影响较小,且满足水功能区划要求,拟建水库取水水量及水质都有保证。与此同时,为满足农村生活供水和农业灌溉的要求,在水库左右岸分别设左岸出库涵闸和右岸出库涵闸,均是合理的。

第四节 取退水影响分析

一、取水影响分析

(一)工程调度运用方式

拟建水库兴利调度过程中,优先保证生态用水,在此基础上依次向柏城镇农村生活供水和灌区农业供水,其保证率分别为90%、50%。水库在控制运用中设置农村生活限制库容和农业限制库容,当月末库容小于农村生活限制库容时,停止向农村生活、农业供水,优先保证生态用水;当月末库容小于农业限制库容时,停止向农业供水,优先保证农村生活与生态用水。

(二)最小下泄流量及其合理性分析

项目所在河流是一条雨源型季节性河流,汛期河道流量较大,非汛期流量较小,特枯年份甚至断流。据调查,河流中水生生物的数量、种类偏少,无国家保护珍稀、濒危野生保护物种,水生生态系统较简单。考虑到水库坝址下游河道内无敏感保护目标,且无生活、生产用水需求,仅需满足下游河道生态基本需水即可。因此,确定下游河道生态基本需水量为拟建水库坝址断面多年平均来水量的10%,经分析,拟建水库坝址断面多年平均来水量为4 740.8万 m^3,折算成坝址断面平均流量为0.15 m^3/s,则拟建水库坝址断面月均生态补水量为40.2万 m^3/月。

水库建成后,当来水量大于40.2万 m^3/月时,水库下泄流量不小于40.2万 m^3/月;当来水量小于40.2万 m^3/月时,来水全部下泄以保障河道生态用水。若建库前能保证最小生态流量,则建库后也能保证生态流量;若建库前不能保证最小生态流量,建库后可在维持建库前状态的基础上有所改善。

本次提出的水库最小下泄流量依据拟建水库1960~2007年48年径流资料为计算基础,资料经过还原和一致性分析,较好地反映建库以前的天然来水情况,具有一定的代表性。

拟建水库大坝坝址以下河道地下水埋深较浅,河道内水量与河道位置地下水相互补给,则枯水期水库区渗漏补给了库区以下地下水与河道水量,由于两部分水量相互补给,很难定量进行计算,但不管库区渗漏补给坝址以下地下水或河道水量,均可作为下游河道生态用水。经过多年调节计算,水库年均渗漏损失量为25.7万 m^3。水库的弃水量也可作为下游生态用水,经过多年调节计算,水库年均弃水量为3 225.9万 m^3。因此,在增加库区渗漏的基础上加上水库弃水,水库再按坝址断面以上多年平均来水量的10%放水补给下游河道生态用水,则实际计算的生态补水量为3 716万 m^3,大于《山东省水资源综合规划》中山东省境内河道生态需水量按多年平均来水量的10%考虑的水量。因此,本项目满足水库坝下需水要求,提出的下游最小下泄流量是合理可行的,并且满足坝址处生态需水474.08万 m^3 的要求。

在考虑生态补水的基础上,坝址以下河道可以建设人工湿地,涵养水源,保护河道生态。环保部门应加强管理,对水库补给的生态水量进行监测,以保障河道生态的可持续发展。

(三)对区域水资源的影响

1. 对水资源配置的影响

项目所在区域位于山东半岛西部,是国务院批准的山东半岛沿海开放重点县市之一。根据统计,市人均可利用水资源量为 201 m^3,仅为全国人均水资源量的 1/10,是山东省较为缺水的地区。供需平衡分析结果显示,项目所在区域 50% 保证率时仍有少量余水,但在 75% 和 95% 保证率时缺水较为严重,缺水率分别达到 30.0% 和 44.1%。可以看出,现状条件下,项目所在区域除丰水年满足基本需水要求外,平水、枯水年份均处于严重缺水状态。近年来,城区地下水超量开采,造成地下水位下降,致使城区东部的地下水源地形成了较严重的地下水漏斗。

本项目通过新建水库拦蓄王吴水库的弃水以及王吴水库—拟建水库区间径流,在不增加区域用水总量的基础上,改善了区域农村的供水,可提高农村的供水保证程度,实现了水源结构的优化;使农业灌溉方式由直接提水改为拟建水库引水,提高了农业用水效率,保证了水库灌区用水,有利于实现区域水资源优化配置,缓解区域水资源供需矛盾。

综上所述,本项目对缓解水资源供需矛盾、实现水资源优化配置等均产生重要的影响。

2. 对水量时空分布与水文情势的影响

本项目通过拦蓄王吴水库弃水和王吴水库与拟建水库的区间径流,在一定程度上会减少水库坝址下游河道水量,对流域内水量的时空分布和水文情势产生了一定的影响,本项目从水库坝址以下河道径流变化与水库削减洪峰能力两个方面分析其影响。

根据水库兴利调节计算结果,拟建水库多年平均农村生活供水量 174 万 m^3,多年平均农业供水量 712 万 m^3,河道生态补水量 464.4 万 m^3,蒸发渗漏损失量 164.3 万 m^3,弃水量 3 225.9 万 m^3。由此可知,建库后坝址下游河道多年平均径流量为 3 690.3 万 m^3,水库坝址下游河道径流减少量为 1 050.5 万 m^3,占建库前坝址处多年平均径流量 4 740.8 万 m^3 的 22%。

根据现状工程条件下拟建水库年径流量和兴利调节计算结果,分

别对水库丰水年、平水年、枯水年水库工程前后下游河道水量变化状况
进行分析。丰水年选择 1998～1999 年（$P=20\%$）作为典型年，平水年
选择 1985～1986 年（$P=50\%$）作为典型年，枯水年选择 1987～1988
年（$P=90\%$）作为典型年。水库建设前后下游河道水量变化对比成果
分别见表 5-8、图 5-7～图 5-9。

表 5-8　拟建水库建设前后坝址断面处下泄水量对比成果

（单位：万 m³）

项目		典型年	7月	8月	9月	10月	11月	12月	1月	2月	3月	4月	5月	6月
丰水年	建设前	1998～1999	1 233	5 086	497	100	100	110	363	325	64	43	1	6
	建设后	1998～1999	881	4 963	149	62	69	89	342	37	41	40	41	40
	变化值	1998～1999	-352	-123	-348	-38	-31	-21	-21	-288	-23	-3	40	34
平水年	建设前	1985～1986	62	910	799	128	52	31	47	31	34	45	63	134
	建设后	1985～1986	41	41	40	41	40	41	41	37	41	40	41	40
	变化值	1985～1986	-21	-869	-759	-87	-12	10	-6	6	7	-5	-22	-94
枯水年	建设前	1987～1988	74	87	142	26	0	0	0	0	0	8	37	20
	建设后	1987～1988	41	41	40	41	40	41	41	38	41	40	41	40
	变化值	1987～1988	-33	-46	-102	15	40	41	41	38	41	32	4	20

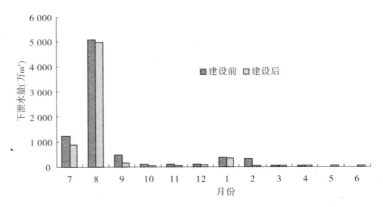

图 5-7　水库建设前后丰水年（1998～1999 典型年）下泄流量对比

根据拟建水库现状来水量系列可以发现，该系列中共有 54 个月月

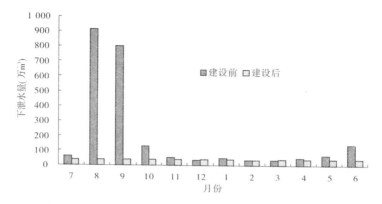

图 5-8　水库建设前后平水年(1985~1986 典型年)下泄流量对比

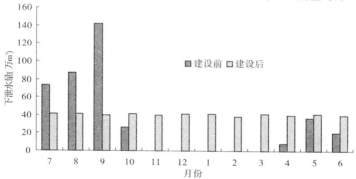

图 5-9　水库建设前后枯水年(1987~1988 典型年)下泄流量对比

径流量小于 5 万 m³,个别月月径流量为零。由表 5-8 及图 5-7~图 5-9
可知,丰水年、平水年水库建设后下游河道水量总体上基本呈现减少趋
势,丰水年在汛期减少幅度相对较小,而平水年在汛期减少幅度较大;
枯水年 7~9 月,河道水量有所减少,10 月至次年 6 月经过水库调节后
下泄水量增加。

根据《拟建水库工程项目建议书》,水库建成后,不同设计洪水标
准洪峰削减成果见表 5-9。

表 5-9　拟建水库工程建设前后洪峰流量削减成果

洪水频率	入库洪峰流量 （m³/s）	最高洪水位 （m）	最大泄洪 （m³/s）	洪峰削减量 （m³/s）	洪峰削减 百分比（%）
20 年一遇	958	35.03	635	323	34%
30 年一遇	1 602	35.03	1 602	0	0
50 年一遇	2 692	35.10	2 600	92	3%
300 年一遇	3 360	35.79	3 116	244	12%

　　由表 5-9 可知,当发生 20 年一遇设计标准洪水时,入库洪峰流量为 958 m³/s,通过水库调蓄后下泄流量为 635 m³/s,削减洪峰流量为 323 m³/s;当发生 30 年一遇设计标准洪水时,入库洪峰流量为 1 602 m³/s,通过水库调蓄后下泄流量为 1 602 m³/s,削减洪峰流量为 0;当发生 50 年一遇设计标准洪水时,入库洪峰流量为 2 692 m³/s,通过水库控泄后下泄流量为 2 600 m³/s,削减洪峰流量为 92 m³/s;当发生 300 年一遇设计标准洪水时,入库洪峰流量为 3 360 m³/s,通过水库调蓄后下泄流量为 3 116 m³/s,削减洪峰流量为 244 m³/s。

　　拟建水库的建设对所在流域的径流有调节作用,使下游水量出现均化现象,汛期水库调蓄洪水,削减洪峰,滞蓄洪水,丰水期水库调蓄径流,减少径流下泄量,可能对下游河道的河道形态产生一定的影响;枯水期水库控制下泄,增加下游河道流量,保障河道生态环境。

　　虽然水库有一定的生态下泄水量补充水库坝下河段水体,但下游河道水量减少会使坝下河段水深减小,水生生境缩减,对水生生态系统产生一定不利影响。据调查,项目所在河流主要有鲫鱼、鲤鱼、团鱼、黑鱼等淡水鱼类,这些鱼一般适应性非常强,目前已适应季节性河道水生态环境。因此,拟建水库的建设对下游河道生态影响较小。

　　综上可知,水库下泄水量减少幅度较大的主要集中在汛期,由于汛期水量充沛,取水对下游水文情势产生的不利影响较小,枯水期水库通过调节可增加下泄水量,对下游水文情势的影响较小。项目所在河流水生生态系统较简单,水库建设造成的水量和水文情势变化对下游河道生态影响较小。总之,水库的建设对下游水文情势会产生一定的影响,但影响较小。

3. 对水域纳污能力的影响

根据上述水库建设对水量时空分布与水文情势影响的分析结果,水库建成后,与现状相比,水库库区因蓄水量增加,纳污能力有一定程度的增大;下游河道水域纳污能力减小集中在丰水期,枯水期水库下泄生态用水,水域纳污能力将有一定程度的增大。

拟建水库建成引水后,坝下河段水量减少引起水域纳污能力减小。枯水期水库下泄生态用水使下游河段水域纳污能力略有增大。由于项目所在河流来水主要集中在汛期,洪水具有汇流快、下泄快等特点,丰水期水域纳污能力并不能被完全利用。

根据《水域纳污能力计算规范》(SL 348—2006),确定河段的污染物浓度按下式计算:

$$C = (C_p Q_p + C_0 Q)/(Q_p + Q) \qquad (5\text{-}7)$$

式中:C 为污染物浓度,mg/L;C_p 为排放的废污水污染物浓度,mg/L;C_0 为初始断面的污染物浓度,mg/L;Q_p 为废污水排放流量,m^3/s;Q 为初始断面的入流流量,m^3/s。

相应的水域纳污能力按下式计算。

$$M = (C_S - C_0)(Q + Q_p) \qquad (5\text{-}8)$$

式中:M 为水域纳污能力,kg/s;C_S 为水质目标浓度值,mg/L;其余符号意义同前。

计算纳污能力时,选取不为零的最小月平均流量作为样本,采用90%保证率最枯月平均流量作为设计流量。

本次论证选择污染物 COD、氨氮为分析对象。经计算,拟建水库上游建设前,该河段 COD 和氨氮纳污能力分别为 40×10^{-4} kg/s 和 1.9×10^{-4} kg/s。拟建水库建成后,库区河段 COD 和氨氮纳污能力分别为 49×10^{-4} kg/s 和 2.3×10^{-4} kg/s,分别提高了 9×10^{-4} kg/s 和 0.4×10^{-4} kg/s;水库下游河段 COD 和氨氮纳污能力分别为 28×10^{-4} kg/s 和 1.1×10^{-4} kg/s,分别降低了 12×10^{-4} kg/s 和 0.8×10^{-4} kg/s。

根据工程调度原则,拟建水库在保证下游河道生态用水的前提下,满足农村生活和灌区用水。据此原则,工程运行后,枯水期泄放生态用水,水环境质量将得到一定改善。丰水期水库蓄水,下游河段水量减少,由于所在河流丰水期水量远大于枯水期,丰水期下游河段水量充足,水质相对较好,水库蓄水引起的水量减少对下游河段水质影响有限,对下游水域纳污能力的减小影响也是有限的。

因此,从总体上分析,水库运行后,水库蓄水将导致库区内水域纳污能力增加。下游河段水域纳污能力减小,但减小时段集中在丰水期,且减少量相对较小;枯水期下泄环境用水,下游河段水域纳污能力较工程建设前有所增大。

4. 对地下水的影响

拟建水库库区地貌类型属于堆积山间平原地貌,左岸为缓丘地貌,右岸为河谷平原地貌。地下水类型可分为第四系孔隙潜水和基岩碎屑岩类孔隙 - 裂隙潜水两种类型;第四系孔隙潜水埋藏在第四系松散层中,主要含水层分布在河床漫滩和阶地中,透水性极强,水量丰富,受库水和两岸地下水补给,以向下游潜流为主要排泄途径。基岩碎屑岩类孔隙 - 裂隙潜水接受孔隙潜水及大气降水的补给,具有浅部循环、短途排泄的特点,局部就地补给、就地排泄。受地貌及岩性、构造控制,风化程度不同,裂隙发育程度不均一,透水性差别亦较大。

水库基岩为相对不透水层,基本不存在基岩渗透;水库两岸堤具有中等—强透水性,为透水层,存在渗漏。水库建成后,坝体侧渗可能会抬升坝址附近区域的地下水位,使土壤产生沼泽化或出现盐碱化。但是根据项目建议书,拟建水库围坝坝基和拦河闸基础防渗采用钢筋混凝土防渗墙方案,厚 30 cm,墙底深入基岩 1.0 m。因此,拟建水库侧渗对坝址附近区域的地下水位的影响较小。

项目所在河流是一条雨源型季节性河流,汛期河道流量较大,非汛期流量较小,特枯年份甚至断流,对下游地下水的补给造成不良影响。随着水库的建成,原河道的水量时空分布得以重新调整,枯水期下泄生态用水,改善下游河道生态环境,涵养地下水源。且水库建成后,水库水质为地表水Ⅲ类水,对下游地下水水质影响较小。

5. 对农业生产的影响

水库建设后,水库水温将会有所变化,随之农业灌溉引用水水温变化对灌区作物生长存在一定影响,拟建水库灌区内主要作物为冬小麦、棉花、高粱、夏玉米、大豆、秋地瓜、花生等,基本上为喜凉作物。由于无实测水温资料,本次只对水库水温变化的影响作定性说明。

水库水温变化与气温条件、热传播(尤其是气温和地温的热传播)及水体流动特性有密切的关系,其水库水温分层状况与水深、水库的运行方式和水体交换的频繁程度、径流总量及洪水规模紧密相关。通常水库水温类型评判主要采用国内较为通用的径流—库容比指标法大致进行定性识别,在此采用 α 指标进行判别,水库水温分层及稳定状况见表5-10,其判别计算公式如下:

$$\alpha = \frac{多年平均径流量}{总库容} \qquad (5-9)$$

表5-10 水库水温分层及稳定状况判别 α 指标

水温分层	$\alpha \leq 10$	$10 < \alpha < 20$	$\alpha \geq 120$
状况判别	分层型	可能属分层型 也可属混合型	属混合型

水库坝址处多年平均径流量为4 740.8 万 m³,水库总库容为2 641万 m³,则水库水温指标 α = 1.80。通过与表5-10判断标准进行对比可知,拟建水库水温类型属于分层型。考虑到水库最大坝高仅为12.0 m,水温分层变化幅度不会很大,及灌溉引渠会对水温有一定的恢复,对作物影响相对较小。

综上所述,水库灌区引水水温对灌区作物生长及其产量影响相对较小。

(四)对第三者的影响

水库建设前,水库坝址以下流域的用水户主要为农业灌溉用水户,灌区集中分布在河流左右两岸的柏城镇、朝阳街道办事处等地,灌溉面积为5.2万亩。水库建设后,下游5.2万亩农田灌溉用水将直接从水库引水,灌溉水源由原来直接提引河水改为引拟建水库水,此举进一步提高了农业灌溉保证率。

项目所在河流是南胶莱河的支流,在花园村汇入南胶莱河,南胶莱河现状开发利用程度不高,用水户主要为农业灌溉。水库建成后,水量减少主要集中在汛期,枯水期水库通过调节可增加下泄水量,由于汛期水量充沛,水库取水对南胶莱河用水户影响较小。

(五)结论

综上所述,水库建成后,通过拦蓄王吴水库弃水以及王吴水库—拟建水库区间径流为农村生活和水库灌区农田灌溉供水,实现了水源结构的优化,缓解了区域水资源供需矛盾,对区域水量的时空分布和水文情势、水域纳污能力、地下水、农业生产、第三者等影响相对较小;此外,水库通过调蓄,对削减洪峰、减轻下游河道防洪风险具有积极影响。

二、退水影响分析

(一)退水系统组成

本项目为水库工程建设项目,其主要任务是拦蓄王吴水库弃水以及王吴水库—拟建水库区间径流为高密市柏城镇农村生活、水库灌区提供水源。由于项目建设周期较短且施工期退水较小,本次仅对工程运行期退水影响进行分析。项目运行过程中退水包括水库灌区灌溉回归水和高密市柏城镇农村生活用水退水。

(二)退水总量、主要污染物和排放方式及退水处理方案

1. 拟建水库灌区退水

拟建水库灌区实际灌溉面积为 5.2 万亩,规划水平年灌溉利用系数达到 0.7,年灌溉需水总量为 1 220.6 万 m^3。灌溉用水被作物利用与蒸发损失后,部分水量通过排水系统及地下渗流,形成灌溉回归水。经水库兴利调节计算,水库向灌区年均供水 712 万 m^3,灌溉退水量按灌溉水量的 10% 计算,则年均退水 71.2 万 m^3,并最终汇入水库坝下胶河下游。农田灌溉回归水污染为面源污染,主要污染物来源于施入农田的化肥和农药等,较灌溉水源水质有所恶化,如有机质增加、溶解氧降低等,会对胶河下游河道水质造成一定影响。由于农业面源污染及农田灌溉回归水量计算较为复杂,本次仅作定性分析。

拟建水库灌区为旱作区,水资源比较紧缺,在科学优化调整农业种植结构、大力发展旱作高效农业的基础上,加强节水灌溉工程建设,产

生的退水数量很少;同时,加强农业科技推广工作,通过引导农民多使用绿肥、有机肥,促进传统农业向生态农业转变,大面积推广无公害农产品,引进高效低毒的农药新品种和生物农药等措施也会减少灌溉回归水的污染程度。

2.高密市柏城镇农村生活用水退水

拟建水库并不新增农村生活供水,只是将现状的地下水供水方式改为由水库集中供水,因此并不新增农村生活退水。经水库兴利调节计算,规划水平年水库向柏城镇年均供水 174 万 m^3,农村生活用水产污率按70%计算,则年均退水量为121.8 万 m^3。现状农村生活退水未进行拦截处理,随意排放,渗入地下或流入小沟渠。

高密市已建设完成的第一、第二、第三污水处理厂总处理规模达到19.5 万 t/d,污水收集覆盖城区三个街办、一个经济开发区,并辐射周边柏城镇、夏庄镇、姜庄镇的工业园区。现在高密市有关部门正在进行农村生活污水收集工程的规划工作,3~5 年之后,建成镇街小型污水处理厂,收集供水区农村污水,集中处理,形成污水“分散收集、专管输送、集中处理、达标排放”的良性运行机制。受规划深度限制,污水处理厂的规模和具体位置目前还难以明确。

(三)退水对水功能区和第三者的影响

1.拟建水库自身退水

拟建水库为新建,项目本身在运行过程中自身退水为供水、生态补水和洪水期弃水。拟建水库属于多年调节水库,对胶河水资源重新进行了年内分配,改变了径流时空分布,以丰补歉,其退水对水功能区产生影响较小。

2.用水户退水

1)灌溉退水

水库灌区采取一系列措施后,灌溉退水对水功能区和第三者基本没有影响。

2)农村生活退水

本项目农村现状生活用水退水未进行拦截处理,渗入地下或流入小沟渠,但是规划水平年将对农村生活污水进行收集进入镇街小型污水处理厂,集中处理后达标排放。处理后,将大幅减少污染物含量,在用水总量变化不大的情况下,排放的污染物总量得到减少,因而符合水功能区限制纳污控制要求。

因此,本项目符合高密市水功能区限制纳污相关规定的要求,本项目最终退水对区域水功能区影响较小。

(四)退水口设置的合理性分析

本项目为水库建设项目,退水为农业灌溉退水及农村生活用水产生的退水。农业灌溉水通过排水系统及地下渗流,形成灌溉回归水,最终汇入胶河下游;而农村生活废水虽然现状不是集中排放,但规划水平年将集中收集,排入污水管网进入污水处理厂,经污水处理厂处理达标后排放,因此本项目无直接退水口。

后 记

　　这是一本写给基层开展水资源论证工作技术人员的小册子。在过去的两三年时间内，我们有幸参与了一些市、县级建设项目水资源论证报告书的评审工作，深感基层技术人员的不易。他们对于各种水资源管理政策、论证导则等存在诸多困惑，却苦于找不到合适的人员交流。而对于水资源日益匮乏、生态环境保护要求日益提高、专家技术审查日益严格的今天，他们所要承担的责任也越来越大。他们需要一本通俗易懂的小册子，能够在《导则》之外给予详尽一点的开导，进而进入水资源论证的殿堂，领略其中的乐趣。于是，我们就有了写一本小册子的想法。

　　在这本小册子里，我们试图展示一种思维方式，水资源论证报告书的编写，抛去专业的限制也应当可以从三个层次来推进，即"形""数""理"。这就好像一个人远远地向你走来，开始你只能辨别出他的大体轮廓，可以判断是大人还是小孩、是男还是女等；再近一些，你可以获得这个人的具体特征数据了，如身高几何、体重几许，更有甚者可细致到服饰等；最后可以看清这个人的全部面目了，你除掌握更多的细节数据外，还可以观察他的气质、风度，和他交谈还可以了解他的思想、观点和态度。这是一个由远及近的过程，也是一个由浅入深的过程，水资源论证报告书的编制显然也可以这样做。

　　还是在这本小册子里，我们分别给出了一般工业项目和水利水电项目水资源论证的例子。这个过程其实是对我们遇到的各色问题进行的一次梳理和解决方案的展示，不可能十分全面，但一定十分重要。提供的例子是我们自己近年完成的项目，均通过了水利部流域机构或省级水行政主管部门的评审，且得到了较好的评价。鉴于知识产权及相关权益的保护，我们对例子中的名称及详细数据进行了一些概化处理，但并不影响读者将之作为有益的参考。"授之以鱼不如授之以渔"，我们更希望读者朋友们能了解其中呈现的论证和分析方法。

记得在一次技术交流中,我引用了一个小故事。说是有三个工人在砌墙,一个人经过此地,就问第一个工人:"你在干什么?"他回答说:"我在砌墙啊!"过路人又问第二个工人:"你在干什么?"第二个工人回答说:"我在盖房子啊!"当过路人问至第三个工人时,他却很愉快地回答道:"我正在盖一间教堂,这间教堂将成为镇上人们聚会的场所,净化大家的心灵,所以我要仔细努力地完成它。"引用这个小故事,是希望报告编制人员能够突破意识局限,站在更高的角度来看待自己所做的事情。而今天,当这本小册子即将完成的时候,我也不希望她仅仅是一本小册子,还希望她能发挥抛砖引玉的作用,成为指引我们不断向前的一把钥匙。

这本小册子的编撰,得到了山东省水利科研与技术推广项目"鲁中南岩溶山区地下水环境综合保护技术"(SDSLKY201318)和水利部"948"项目"浅层地下水超采污染区原位在线观测技术引进"(201319)的资助。在此,向参与课题研究的同事及合作伙伴们,以及长期以来支持和帮助我们的领导及朋友们表示衷心的感谢!特别感谢刘勇毅、刘肖军、陈升玉、李雪东、郭旭维、刘开非、颜恒等水资源管理专家,与他们的交流让我们受益匪浅;要感谢李福林、叶芳、马荣华、梅仲河、艾宝青、刘俊强、郝海君、贾惠颖等多位资深的建设项目水资源论证评审专家,书中许多观点得益于他们的指教;山东省水利厅总规划师杜贞栋研究员、东营市水资源办公室主任高建民高级工程师特意作序,这极大地鼓舞了我们;还要感谢陈学群、黄继文、仕玉治、杨小凤、张欣、傅世东等同事的大力支持,为本书提供了技术支持。

最后,小册子中陈列的诸多观点,或许只能算是一家之言,而其中疏漏及浅薄之处一定为数不少,期待大家的讨论和批评。

范明元记于泉城
2015 年 10 月 18 日

参 考 文 献

[1] 中华人民共和国水利部. SL 322—2013 建设项目水资源论证导则[S]. 北京：中国水利水电出版社,2014.

[2] 中华人民共和国水利部. SL 525—2011 水利水电建设项目水资源论证导则[S]. 北京：中国水利水电出版社,2011.

[3] 中华人民共和国水利部. SL 429—2008 水资源供需预测分析技术规范[S]. 北京：中国水利水电出版社,2009.

[4] 中华人民共和国国家质量监督检验检疫总局,中国国家标准化管理委员会. GB/T 12452—2008 企业水平衡测试通则[S]. 北京：中国标准出版社,2008.

[5] 中华人民共和国建设部. CJ 42—1999 工业用水考核指标及计算方法[S]. 北京：中国标准出版社,1999.

[6] 中华人民共和国国家质量监督检验检疫总局,中国国家标准化管理委员会. GB/T 7119—2006 节水型企业评价导则[S]. 北京：中国标准出版社,2006.

[7] 中华人民共和国国家质量监督检验检疫总局,中国国家标准化管理委员会. GB 24789—2009 用水单位水计量器具配备和管理通则[S]. 北京：中国标准出版社,2010.

[8] 中华人民共和国建设部. CJ 40—1999 工业用水分类及定义[S]. 北京：中国标准出版社,1999.

[9] 中华人民共和国国家质量监督检验检疫总局,中国国家标准化管理委员会. GB/T 21534—2008 工业用水节水术语[S]. 北京：中国标准出版社,2008.

[10] 山东省质量技术监督局. DB 37/1639—2010 山东省重点工业产品取水定额[S]. 2010.

[11] 国家质量技术监督局. GB/T 17367—1998 取水许可技术考核与管理通则[S]. 北京：中国标准出版社,1999.

[12] 中华人民共和国水利部. SL 104—95 水利工程水利计算规范[M]. 北京：中国水利水电出版社,2009.

[13] 水利部水资源管理司,水利部水资源管理中心. 建设项目水资源论证培训教材[M]. 北京：中国水利水电出版社,2013.

[14] 叶秉如. 水利计算及水资源规划[M]. 北京：中国水利水电出版社,1995.

[15] 梁忠民,钟平安,华家鹏. 水文水利计算[M]. 2 版. 北京：中国水利水电出版社,2013.

[16] 周之豪,沈曾源,施熙灿,等. 水利水能规划[M]. 北京：中国水利水电出版

社,2013.

[17] 施鑫源,张元禧. 地下水水文学[M]. 北京:中国水利水电出版社,1998.

[18] 中华人民共和国水利部. SL 454—2010 地下水资源勘察规范[M]. 北京:中国水利水电出版社,2010.

[19] 中华人民共和国水利部. SL 373—2007 水利水电工程水文地质勘察规范[M]. 北京:中国水利水电出版社,2007.

[20] 余钟波,黄勇,Franklin. Schwartz. 地下水水文学原理[M]. 北京:科学出版社,2008.

[21] 郑蕊书,陈江中,刘汉湖,等. 专门水文地质学[M]. 徐州:中国矿业大学出版社,1999.

[22] 田守岗,范明元. 水资源与水生态[M]. 郑州:黄河水利出版社,2013.